日本人による水産協力
Fisheries cooperation performed by Japanese

―開発現場をアップデート―
Updating the field of international development

綿貫尚彦 編
Edited by Naohiko Watanuki

北斗書房
Hokuto Syobou

凡　例

◎本書の目的について

　本書は、日本内外で水産分野の国際協力、国際貢献に取り組んでいる漁業、養殖、ICT、防災、ジェンダー、食文化などの専門家に焦点を当てて、現場の最前線を発信することで、日本人による水産協力への理解や関心を促すことを目的とした。

◎想定読者層について

　水産協力の今に関心のある方、SDGs のリアルな実態を知りたい方、国際的な仕事を検討している方である。一般の方にとっても、できるだけわかりやすく平易な文章を心がけた。

◎編集方針について

　目次ありきではなく、執筆者を募り、原稿のタイトルと書き方を委ねた。表記の統一を検討したが、言葉の意味がわかれば良いと判断した。例えば、「開発途上国、発展途上国」「漁業者、漁民、漁師」「共同資源管理、コマネジメント、CO-MANAGEMENT」「筆者、著者、私」は統一していない。

◎本の構成について

　国際機関、教育・研究機関、民間企業、NPO 法人、一般社団法人における取り組みを紹介した。また、アジア、アフリカ、南太平洋、中南米・カリブ、ヨーロッパでの事例を網羅した。本の前半に水産協力の全体像に関する報告を集めた。

◎原稿のチェックについて

　ドラフト段階の原稿をブラッシュアップするために、有識者によるレビュー、著者間の相互チェック、編集担当の意見を著者に伝えた。最終稿はコメントの修正を経たものである。

◎ URL の記載について

　ウェブサイトからダウンロードできる情報、参考文献は URL を記載した。URL は2023 年 11 月 1 日に参照した。

◎本書の記述について

　本書の記述は執筆者の見解であり、執筆者が所属する組織および国際協力、国際貢献に携わる組織の意見を反映するものではない。

－ 目　次 －

－ 目　次 －

はじめに
Foreword

八木　信行

Nobuyuki Yagi

　工業やサービス産業とは異なり、水産業は自然環境からの影響を受けやすい構造がある。このため、例えば亜寒帯地域で成功している漁業の仕組みをそのまま亜熱帯地域に押しつけても、自然環境が違うために無理が生じる。

　このことについては世界銀行でも議論がなされていた。1999 年から 2002 年にかけて、筆者はワシントン DC にある日本国大使館に勤務しており、世界銀行の「PROFISH」会合に頻繁に出席していた。当時、世界銀行では、「リージョン」と呼ばれる地域を担当する部局（南アジア局、ラ米・カリブ局、中東・北アフリカ局など）の意見が通りやすく、「アンカー」と呼ばれる地球規模の課題を扱う部局（サステナブル・デベロップメント局など）の意見は軽視される傾向にあった。水産協力は「アンカー」の枠組みで議論されていた。その中でも水産は数人の専門家しかいない弱小勢力で、水産チームのリーダーは畜産のシニア専門家が担当している状況であった。要するに世界銀行の中では、当時、水産は大きなトピックとして扱われる体制ではなかったのである。

　しかし数名ではありながら、水産の専門家は、世界の現場を渡り歩いて経験を積んだ有能なプレーヤーであった。「PROFISH」会合では、理想の水産業のあり方などを熱く議論していた。具体的には、「アイスランドの ITQ（漁獲枠の個別割当制度）が理想的な漁業だが、これは亜寒帯で魚種の数が 10 種類以内程度に限られている地域の漁業であって、そのまま 100 種類以上の魚種がいる亜熱帯地域の途上国に実施させようとしても無理がある。なぜなら途上国はそこまで多くの魚種に対して科学的に資源量推定を行うための人的資源と予算がないから」などの議論である。ではどうすれば良いのかについては、漁獲対象となる魚の資源だけを管理の対象として注目するのではなく、漁業を行う人間組織も管理の対象として注目すべきで、そのためには「現地の人の意見を

よく聞くことが重要」「地域の自然や社会に合わせてテーラーメイドで対応せざるを得ない」といった話を行っていた。

　これは世界銀行の他部局の対応とは好対照をなしていた。他部局では、債務不履行（デフォルト）に陥った途上国に対して、新自由主義的な政策を押しつけ、これが現地の国民の不評を買って軋轢が生じる例もあった。しかし水産については世界銀行でも「押しつけ型」の議論は主流にはなっていなかった。これは数名いた専門家がいずれも経済学ではなく生物学や水産学の分野で学位を有しており、現場経験が長かったためであろう。今から思えば、世界銀行の水産分野は一歩進んだ対応を行っていたといえる。つまり今でこそSDGsが浸透し、国際的な議論では社会の多様性を尊重しつつ、対話に基づく包摂を追求するアプローチが重要視されるようになっているが、SGDsが存在しない当時、すでに似た価値観が重視されていた点で、一歩進んでいた。

　SDGsが浸透した現在、この流れは強まっている。例えば国連は2019－2028年を家族農業の10年とし、「時代遅れ」で「儲からない」とされていた小規模な農業や漁業を、むしろ「環境に優しい」「社会の安定に寄与する」ものとして再評価する流れになっている。同じ傾向は最近のFAO（国連食糧農業機関）でも見られる。漁業管理には多様性があることを積極的に強調し、経済効率を重視する管理制度と、社会的な伝統価値や公平性を重視する管理制度の双方を尊重する議論がそれである（例えば2020年のFAO/SOFIAの115ページ）[1]。いうまでもなく、前者はITQ制度などを、後者は日本の漁業権に基づく管理制度などをさしている。双方を認め合うべきとの議論である。FAOは、2015年に策定した「持続可能な小規模漁業を担保するためのボランタリーガイドライン」[2]においても、各地域の伝統や文化に基づく漁業制度を尊重すべき旨を述べている（第5条など）。このガイドラインを起案するためのFAOの専門家コンサルテーション会合に筆者は何回か出席したが、その際も途上国に対する先進国からの「押しつけ型」ではなく、対話や協働が重要との議論が専門家の間での共通認識であった。

---

1) https://www.fao.org/3/ca9229en/ca9229en.pdf

2) https://www.fao.org/3/i4356en/14356EN.pdf

　日本人による水産協力が、はたしてこのような最新の国際的な文脈に沿っているのかについては気になるところであろう。この点は2017年3月に日本水産学会が開催したシンポジウム「水産資源管理の国際協力－開発途上国にとって有効な水産資源管理アプローチと日本の技術、知見の活用－」でも議論があった。シンポジウムでは、水産協力の相手国には多様な沿岸漁業の形態が存在すること、よって現場では日本の専門家と現地の人々との信頼関係構築と協働が重要であるとの発表が相継いだ（日本水産学会誌2017年第83巻6号）[3]。本書を執筆している専門家も、このシンポジウムでは発表を行っている。本書でも、日本人による水産協力が、対話や協働を重視する最新の国際的潮流に沿った形になっている点が明らかになっていくと思われる。

　ただし最新といっても課題は存在する。つまり、世界には多様な価値観があり、これらを尊重しなければならないとの相対主義的な見方は、いきすぎると世界の分断にもつながる点である。これを避けるためには、多様性を尊重しながらも、ある程度は普遍的な共通項も追求することでバランスを保つことも重要となる。このバランスをどうとるべきかについては国際社会の将来課題として残されている。

　本書は水産に関する技術論だけでなく、広く自然と人間の関係や、世界の中における普遍と相対についても示唆を与える内容となっている。本書における論考が、水産だけでなく、広く世界における持続可能な開発の達成や、平和な国際秩序の構築に有用なヒントを与えることを期待している。

3）https://www.jstage.jst.go.jp/browse/suisan/83/6/_contents/-char/ja

第1章　世界の漁業体制におけるパラダイム・シフト
—FAO と SEAFDEC の活動に焦点を当てて—
A paradigm shift in global fisheries: Focusing on FAO and SEAFDEC

加藤　泰久

Yasuhisa Kato

1　はじめに

　最近、ミャンマーのタニンターリ管区において沿岸漁業を見る機会があった。東南アジア諸国連合（ASEAN）地域で10年以上にわたって漁業問題に関わってきたので、ミャンマーの漁業が抱える課題についてはある程度分かっているつもりであったが、実際に観察した沿岸漁業、さらにその実態から見えてきた漁業全体が抱える問題は、私の理解をはるかに上回るものであった。そこで見られた漁業は、同国水産局の職員に「ミャンマーの魚はタイで水揚げされ、タイの水産統計の増加に貢献している」と苦々しく言わせるほど、ミャンマーの漁業と言うより、漁獲から流通に至る実質的な活動をタイの漁業会社によって行われているという点で、隣国タイの漁業と言ってよいものであった。

　そのような状況に陥った背景には、次の理由が考えられる。まず、ミャンマーの魚食文化が歴史的にイラワジ水系の豊富な淡水魚資源によって支えられてきたために、海産魚に対する国内需要が非常に少なかったことがあげられる。また、同国の場合、第二次大戦後の軍事政権による鎖国体制と、その後の米国などによる経済制裁によって海外からの支援がほとんど得られなかった。このため、漁業インフラの整備が遅れ、海面漁業の開発を促進する政策もとられなかった。さらに、鎖国によって、淡水魚から海産魚への食習慣の変化を起こさせるような海外からの影響もなかった。結果として、豊富に存在する海産魚は、現在に至るまで、同国の重要なたんぱく源として考えられていない。一方、タイは急速な経済開発に伴う国内外からの水産物の需要拡大に応じて、ミャンマーの200海里水域がタイの漁場として開発されてきた経緯があると思われる。

　魚類たんぱくを淡水魚に依存する状況は、魚といえば海産魚を指す日本人からすると分かりにくいが、アフリカ、南米、モンスーンアジア地域の多くの国々で淡水魚は食文化を支える重要な資源である。多くの東南アジア諸国では海産魚は近年、主として輸出目的で漁獲されるようになったものの、国民の魚食は今でも特別な保蔵施設がなくても活魚として輸送、流通、保存ができる淡水魚に大きく依存している。急峻な日本の河川等では淡水魚の生産性はそれほど高くないが、モンスーンアジア地域のように、ゆったりと流れる大河や湖では、農業などから供給される多量の栄養塩と強烈な日光によって、内水面域の生産性は日本とは比べものにならないほど高い。

　しかし、この50年程の間に、ミャンマーの漁業形態が時代錯誤なものに見えるほど、世界の漁業体制は劇的に変化している。そこで、世界の漁業のルールの大きな変化をパラダイム・シフトと捉え、その変遷を本稿のテーマとして考える。かつて、漁業資源は無尽蔵にあると考えられ、基本的にオープンアクセスが漁業を推し進める基本的ルールとされた。目覚ましい技術開発に支えられて近代漁業が飛躍的な発展を遂げるとともに、多くの国々は自国の沿岸域に入漁してきた他国籍船による漁業活動の拡大を実感しながら、それに伴う沿岸域における漁業資源の減少に危機感を覚え始める。1980年代にはオープンアクセス[1]の原則が崩れ、国連を中心として距岸200海里に排他的経済水域（EEZ）を設定する動きが始まった。また、この時期までに多くの国々が植民地からの独立を果たし、いわゆる発展途上国が自国の沿岸漁業資源を専有し、それら資源を利用した漁業を独立後の経済発展の中で有望な産業として位置づけた動きも、この国際的な流れの背景にあるといえる。1990年代以降は地球環境の悪化がグローバルな関心事となり、漁業における持続的開発への転換が新たな方向性となった。

　本稿では、漁業に関するパラダイム・シフトを、オープンアクセスの時代、200海里の時代、環境保全と持続的漁業の時代という3期に分けて、私の50年間以上の漁業との関わりを国連食糧農業機関（FAO）および東南アジア漁業

1）15～17世紀の大航海時代は、他国水域への自由な訪問（オープンアクセス）が必須であった。水産業が発達するにつれて、水域への近接ばかりでなく、沿岸域に生息する漁業資源へのアクセスおよび所有権も入漁側の当然の権利のように考えられた。

開発センター（SEAFDEC）の活動に焦点を当てて述べる。

2　オープンアクセスの時代

　かつて、船舶を用いた洋上での漁業活動は、厳しい気象条件に左右される不安定で危険なものであった。しかし、大型船、エンジンなどの技術開発によって、洋上活動はより安全かつ効率的なものとなり、漁業は急速に発展していく。そして、近代漁業はそれまでの時代とは比較にならない規模とスピードで、世界の漁業資源を開発していく。日本を含む漁業先進国は世界の海に乗り出した際に、ある地域の漁獲量が減少しても、豊富な漁業資源を持つ新たな漁場を探索し、そこに活動拠点を移せば良いと考えていた。そのような世界雄飛の時代に歌われた歌に「水産放浪歌」があり、「波のかなたの南氷洋は、男、多恨の身の捨て所」と、若人に漁業を通じて世界に大きく羽ばたく夢を語っていた。

　しかしながら、漁業活動は近代技術の導入だけで促進されるものではなく、それぞれの国の文化、特に食文化が漁業開発の方向に大きな影響を与えてきた。1990 年代初めに日本政府による資金援助のもと、FAO において世界の食文化についての研究が行われた。研究は、FAO が収集した統計資料を利用して世界の魚食・肉食水準（一人一年当たり消費量）を経済指標と対比することを中心として行われた。結果は、3 つのグループに大別された。第一のグループは、経済状況が改善すると魚の摂取量が増加する国々であったが、これが意外に少なく、日本を含め 40 カ国未満であった。第二のグループは最大グループで、経済状況が改善すると魚の消費量が減り、肉の消費量が増える、南米、北米、ヨーロッパ、アフリカなどの国々であった。当時、日本のカツオ・マグロ業界は、缶詰の生産量に関して米国の経済指標を大変気にしていた。その理由は、米国の経済状況が改善すると、彼らの食生活は魚から鶏、七面鳥、畜肉へと変化し、ツナ缶の消費が伸び悩むからである。第三のグループは、経済状況に関わらず一定量の魚を摂取する国々で、北欧がこのグループに属した。このような分析に基づいて、第一、第三グループには魚食文化があると考えた。また、これらの魚食文化を持つ多くの国々に水産物の発酵食品が見られることも興味深い特徴であった。大手の水産会社が当時の漁業をリードした事情も魚食文化に直結した日本だけで見られたビジネスモデルであった。

　日本の遠洋・沖合漁業の歴史に話を戻す。江戸時代後期、北海道から千島列島への進出を行った際に、漁業はその開拓事業の主要産業であった。明治維新後もその地域の漁業資源に特段の興味を示さなかった他国の事情もあり、北洋漁業は日本の独壇場となった。その後、北洋漁業は陸上基地方式から母船方式に切り替えられ、さらなる発展を示す。歌謡曲「北の挽歌」の中で、「沖を通るは笠戸丸、わたしゃ涙でニシン曇りの空を見る」とある。笠戸丸[2] は、波乱万丈な船歴を有した水産加工船であった。

　戦後、連合国軍総司令部（GHQ）は日本漁船の遠洋漁業を禁止するが、日本の独立が回復した 1952 年にはそれを解禁し、入漁先の沿岸国との漁業交渉を経て、北洋漁業が再開された。日本の敗戦からの復興、たんぱく食料確保の観点から、漁業は大躍進を遂げる。しかし、この時期から国際的な漁業は、オープンアクセスから 200 海里体制に転換する準備に入り、漁業に対する各種制限が強化されていく。その後の公海漁業の管理とも関連する母川国主義の考え方も、日本の北洋漁業に対する締め付けを加速させるものであった。従って、一時は漁業生産の拡大を見せたものの、年を追うごとに厳しくなる各種の条件の下で操業せざるを得なかった北洋漁業は 1976 年以降、急速に衰退する。この時期に私は函館に住む大学生であったが、毎年地方紙の 1 面に北洋漁業の出漁式が取り上げられ、漁獲量の増減に一喜一憂していた状況を思い出す。このような中で、1982 年には国連海洋法条約が合意され、各国の 200 海里内の漁業活動に関する国際的ルールが設定された。これにより、日本の遠洋漁業は終結に向かう（公海漁業であるカツオ・マグロ漁業および商業捕鯨を除く）。北洋という一大漁場を失った日本の大手漁業会社は、漁業資源が豊富なアフリカ、南太平洋、南米などに合弁事業を設立し、遠洋漁業を継続しようと試みるが、漁業における国際的な趨勢には逆らえず、1990 年までに次々と漁業生産部門から撤退した。

---

2)　日露戦争において旅順港内で沈没していた船を日本海軍が引き揚げて「笠戸丸」と名付けた。ハワイ、ブラジル（ブラジルへの第一回移民船として名高い）への移民輸送、台湾、南米で商船、カムチャッカで水産加工船として活躍した。終戦時にソ連軍によって空爆を受けて沈没。

3　200海里の時代

オープンアクセスから200海里時代へのパラダイム・シフトは、日本の漁業界に未曽有の大打撃を与えた。水産庁は業界の苦境を重視し、漁業を支援するために積極的な活動を開始した。特に職員の人材育成を通じ、国際会議などにおいて果たした活躍には目を見張るものがあった。そして、先進諸国の中では数少ない魚食文化をもつ国として、独自の持続的漁業の理論を展開していくこととなる。この動きは1985年頃からの国際捕鯨委員会（IWC）、FAO水産委員会（COFI）、ワシントン条約（CITES）[3]などでの日本の立場を説明する必要性から強化された。また、水産庁の活動の中には、FAO水産局を含む国際機関、地域漁業管理機関（RFMO）[4]、及び発展途上国の水産分野に対する支援の拡充があった。

戦後の驚異的な経済発展を受けて、1963年には日本は先進国の指標ともなるOECDの加盟国となり、政府開発援助（ODA）を開始する。コンサルティング会社に委託する現在のような水産分野のODAが始まったのは1970年代であり、この時期は日本をはじめとする漁業国による他国の沿岸域への入漁が困難になり始めていた。発展途上国の沿岸域に入漁していた日本の水産業の苦境を支援するために、政府は水産分野における密接な協力関係を築き上げることに積極的であった。政治的意図には左右されない聖域論[5]がODAの主流であったなかで、水産分野のODAは特異なものであった。水産ODAの供与国判別方法は、現在でも対象国の漁業における日本との友好関係が吟味されている。

水産分野のODAは技術協力のスキームで小規模に始まったが、1973年に

---

3)　CITESは絶滅危惧種の管理を直接行うものではなく、対象種の貿易に制限をかけることによって絶滅危惧種の保護を支援するものであるが、条約順守の効果が高かったため、マグロ類の管理などにも貿易関連の制約がつけられていくことになる。

4)　世界のマグロ類資源に関しては、5つの地域漁業管理機関(WCPFC、IATTC、ICCAT、IOTC、CCSBT)によって世界の海がカバーされている。

5)　私はFAOの水産局事業部長として信託基金を求める交渉をヨーロッパのドナー国と頻繁に行っていたが、ほとんどのドナーが共通してもつ支援可否の判断基準としては聖域論ではなく、「国際支援の実施を如何に納税者に説明できるか？」という、国内事情と関係する政治的な判断が主流であった。

水産無償資金協力が開始される。同資金協力は、日本の漁業に協力的な国々に対し漁港などの漁業生産基盤、水産物流通・加工施設、水産分野の研究・研修施設の整備・建設、漁業調査・訓練船の建造、漁業用機材の調達などを行うものであった。30 億円規模で開始された同事業は 2000 年には 100 億円規模にまで増加するが、その後減少の一途をたどり、一般無償に統合された。水産無償資金協力に関わるコンサルタント業務の維持向上を図るために、海外水産コンサルタンツ協会（OFCA）が 1989 年に設立されたが、水産無償の消滅に伴い OFCA の活動も縮小し、マリノフォーラム 21 に吸収された。これも、水産業の ODA が他の分野とは異なる形で発展した状況を反映した動きであった。

　ここで FAO の発展途上国における飢餓の撲滅を目的とした支援について説明する。私が FAO に赴任した 1989 年は同組織の規模が最大の時期であり、ローマ本部、5 カ所の地域事務所、約 100 カ国の国別事務所、世界各地に展開していた農林水産関連の数千のプロジェクトと連携したネットワークを通じて約 6,000 人（専門職員とそれを補佐する一般職員）によって多くの事業を展開していた。しかし、この巨大な国連組織はこの後起きる国際状況の変化に応じて適正化、スリム化されていく。私は発展途上国支援の活動を主たる業務としていた水産局事業部を率いる立場であった。同部は水産局技術部と協力して事業を行っていた。当時は、年間ベースで約 200（約 30 億円規模）のプロジェクトを数百人のフィールド職員およびコンサルタントを雇用して実施していた。資金源は国連開発計画（UNDP）、経済協力開発機構（OECD）加盟国からの信託基金、発展途上国の資金 6) と FAO 独自の資金であった。プロジェクトはプロジェクト・ディレクターに率いられた数名のフィールド職員と多くのコンサルタントによって実施された BOBP（Bay of Bengal Programme）のような大規模なものから、コンサルタントのみ雇用して実施された小規模なプロジェクトまで、その規模は千差万別であった。

　FAO プロジェクトとしてユニークなものに地域プロジェクトがある。地域プロジェクトは、ある課題に対して地政的に共通した特徴をもつ国々（グループ）に対して一括した支援を行うものである。1 カ国に対して行う支援に比べ、

---

6) 産油国あるいは国際機関からの融資資金があってもプロジェクトを実施するノウハウに乏しい発展途上国への FAO の協力（ユニラテラル信託基金と称した）。

他国の事情も考慮したうえで実施が進められることから、費用対効果が高いと考えられた。日本を含むドナー（OECD 加盟国）は大使館を中心にして二国間協力の仕組みを構築してきたため、数カ国に跨るプロジェクトを実施する仕組みを持たないこともあって、特に地域プロジェクトへの参加に興味を示していた。

　国連海洋法[7] の採択によって沿岸各国はそれぞれの 200 海里内に回遊・存在する漁業資源の動向に多大な興味を抱くようになった。国際的には多くの科学者が「資源管理」を促進し、「漁業管理」を促進する動きはほとんど見られなかった。国際的に最初に「資源／漁業管理」について協議が行われたのは、1986 年に FAO が主催した「漁業管理および漁業開発に関する国際会議」であった。FAO は国連海洋法採択を受けて当初、「資源／漁業管理」の国際会議を計画したが、「管理」という言葉が与えるマイナスのイメージを避けて「漁業開発」の言葉を加えた。また、当時は大規模漁業と小規模漁業という区分の必要性について、FAO の理解が浅く、漁業というひとくくりの中で、大規模漁業においてのみ適応可能な方法が検討された。その背景には、FAO のような国連機関が各国の小規模沿岸漁業の管理に言及することは、内政干渉ともとられる傾向もあった。資源管理の多くは最大持続生産量（MSY）を推定し、その量を適当な数の漁業者に入札などによって割り当てる譲渡可能漁獲割当（ITQ）方式であった。ニュージーランドや北欧の事例がよく知られているが、この手法は科学者が管理業務の中心的役割を担う。これに対して、多くの漁業者を対象にする小規模漁業や対象魚種を絞らない熱帯漁業を管理する手法に関しては、日本の沿岸漁業の漁業権のようなものを漁業者に移譲する以外に効果的な管理方法はないにも関わらず、オープンアクセスが完全に払拭されていない当時は、「時期尚早である」「特殊である」という理由で焦点が当てられなかった。

4　環境保全と持続的漁業の時代

　沿岸各国は、国連海洋法によって漁業資源の所有権が明確になったことで、漁業開発に対する興味を深めたが、乱獲や環境問題の緩和に向けた動きはほと

---

7)　1944 年に 60 加盟国による批准を経て発効。しかし、この法的枠組みの中では、今では通常用いられる漁業 / 資源管理の概念は明確にされていない。

んど見られなかった。国際 NGO がまず取り上げたのは、公海域でのアカイカ、ビンナガ（ビンチョウマグロ）などを対象とする大規模流し網漁業によるウミガメ、海産哺乳類などの混獲であった。全長 50 ㎞にも達する流し網は「死のカーテン」とも呼ばれ、ウミガメ、イルカ、海鳥などを混獲することで国際世論に訴えられた。そして、1989 年に国連において「公海における大規模流し網漁業のモラトリアム」が決議され、漁業国は公海域における大規模流し網漁業を自発的に取りやめることになる。

　水産業を含めた持続的開発を、初めて環境保全の視点から国際的に協議したのが 1992 年にリオデジャネイロで開催された国連環境開発会議（UNCED）[8]である。会議では持続的開発に関する行動計画である「アジェンダ 21」が採択された。UNCED を通じて、水産分野に関しても 2 種類の持続的漁業に向けた取り組みが要請された。1 つ目の取り組みとして、1993 年にニューヨークで一連の「ストラドリング・ストック（跨海性資源[9]）および高度回遊性魚類に関する国連会議」が開始され、公海漁業の管理、ルール、手法および課題が 3 年をかけて協議された。一つの課題として挙げられたのが、母川国主義の考え方に近いストラドリング・ストック管理に関する沿岸国の関わりであった。カナダは 1995 年、公海域でカレイ・タラを漁獲していたスペイン漁船などを拿捕することで、沿岸国によるストラドリング・ストック管理の正当化を図ろうとした。この試みは、国連の議論を急速に進ませる結果につながり、1982 年の国連海洋法条約の補足となる「ストラドリング・ストックおよび高度回遊性魚種に関する国連協定」として、1995 年に採択されることとなる。この協定では、RFMO の加盟国、またはその保存管理措置の適用に合意する国のみに公海水域におけるストラドリング魚類および高度回遊性魚類の漁獲を認めている。これにより、国際的に利用される資源の保存・管理においては、RFMO が中心的な役割を果たすこととなり、RFMO が設立されていない地域あるいは漁業管理能力が未熟な機関の強化が図られた。一例として、1996 年に FAO によっ

---

8) Sustainable Development Goals（SDGs）設定のきっかけとなった画期的な会議。

9) 200 海里内外に跨って回遊する漁業資源。

て「インド洋まぐろ類委員会（IOTC）」が設立された。

　２つ目は、FAO が主導的役割を担った「責任ある漁業の行動規範（CCRF）」の作成である。このガイドラインが必要になった背景には、漁業資源の乱獲、生態系への悪影響、それらに伴う経済的損失や貿易問題などが漁業の長期的な持続性を脅かすのではないかという懸念があった。行動規範は 12 条からなるが、技術的な行動規範は、第 7 条：漁業管理、第 8 条：漁業操業、第 9 条：養殖開発、第 10 条：沿岸域管理への漁業の統合、第 11 条：漁獲後の漁獲物の処理と貿易、第 12 条：水産研究の 6 項目である。CCRF の作成には「ストラドリング・ストックおよび高度回遊性魚種に関する国連協定」とほぼ同じ期間を要し、実質的には FAO とニューヨークで同時並行的に準備作業が進められた。しかし、CCRF の内容と「ストラドリング・ストックおよび高度回遊性魚種に関する国連協定」における公海漁業に関する考え方との整合性を考えすぎたために、CCRF の第 7 条；漁業管理、第 8 条：漁業操業の内容は後者のコピーと言ってもよいほどのものになってしまった。CCRF は公海域に限らず、各国の 200 海里水域、沿岸域、内水面域までも対象にした持続的漁業促進のためのガイドラインとして作成されたはずであったが、先進国を中心とした公海漁業管理に対する過剰な期待によって、実質的には CCRF の独自性が失われたものになってしまった。CCRF は 3 か年の準備作業および専門家会合を経て、1995 年の FAO 総会で採択された。その促進業務において OECD 加盟国は緊密な連携を図った。一方、OECD のような組織を持たない FAO の大多数の加盟国である発展途上国は先進国の取り組みを傍観し、終始消極的な姿勢で会議に参加した [10]。

　UNCED は持続的開発に明確な方向性を与えた重要なものであった。しかし、地球環境の悪化に歯止めをかける国際的取り組みは予想外の困難を示している。地球環境の悪化に最も影響がある人口爆発を止めようとした第 3 回の世界人

10）発展途上国が CCRF の協議に特段の興味を持たなかった理由に、第 5 条：発展途上国の特別な要求事項（Special Requirements of Developing Countries）が設けられたことも一因だった。その内容が「発展途上国からの要請には特別な配慮をする」であったため、かえって各国の漁業の特殊事情を CCRF に反映させる努力が阻害された。

口会議 [11] が不成功に終わり、また、温室効果ガスである炭酸ガスの森林による吸収を持続させるために行われた FAO の熱帯雨林行動計画 [12] は合意に至らず、国際的課題に対する国際協力の難しさを露呈することになる。この点で、水産分野の持続的開発に向けた動きは、他の分野と比べても着実に歩みを進めているように見える。漁業は他分野にはない二つの特殊事情がある。一つ目は、対象資源が領海、200 海里排他的経済水域を超えて公海域まで回遊する生物であり、その管理には国際協力が必要である。二つ目は、1993 年に設立された欧州連合（EU）は水産の共通政策（Common Fisheries Policy）をもち、漁業の管理権を各加盟国から共同体に移譲していた。国際会議で発言力が強いヨーロッパ諸国が共同体として共通の意見をもち、国際的な交渉に馴染んでいたことが、水産分野の国際協力を容易にしている背景である。

　世界の ODA の方向性にも影響を与えた点で、1992 ～ 1995 年に実施された FAO の機構改革について述べる。FAO のプロジェクトの主力財源であった UNDP が、加盟国、それも発展途上国の要請に基づいて、FAO などの国際機関によるプロジェクトの実施から発展途上国自身による実施（National Execution）という政策の大転換を決定した。これによって、FAO でプロジェクトを実施していた 3 つの事業部（農業、林業、水産）が解体された。さらに、職員の働き方に対する吟味が行われた。本部職員は FAO 総会などで要請される技術的課題により明確に対応することとなり、その業務は CCRF のような種々の国際的課題に対する法的書類、ガイドライン作成や世界各国から集められる資料の編纂による FAO 統計書類などの本部でしかできない業務が優先された。地域事務所や国別事務所では、それぞれが所管する地域、国の要請（例えばプロジェクトの実施）に直接対応することとなり、大規模な配置転換等が実施された。

11）1990：国による人口管理に関しては、1:　民主主義諸国は当時「一人っ子政策」で成果を上げていた中国の例を知りながら、人口管理という国による強権発動を嫌い、2:　バチカン共和国をリーダーとするカソリック教国の人工中絶等の措置に対する反対、3:　従来、人口増大によって国の経済を支えてきたと信じる多くの発展途上国による反対などによって合意に至ることはなかった。

12）熱帯雨林行動計画では、これまで多くの森林を伐採してきた先進諸国が、今度は発展途上国が経済開発を目的として、その持てる森林資源を利用する動きに国際的な干渉を加えることに対する反発が浮き彫りになった。

図 1-1　FAO 時代（1989 ～ 1997 年）

　CCRF の重要項目を実効に結び付ける目的で「サメ類の保存・管理」、「漁獲能力管理」、「不法、無報告および無規制操業（IUU）の防止」などの 20 項目以上の行動計画が作成・採択された。しかし、私には大きな気がかりがあった。それは、持続的開発に関するガイドラインであったはずの CCRF は、その作成過程で公海漁業に焦点が当てられた結果、世界の漁業生産量の大半を占めるが、公海漁業に関わっていない発展途上国の興味を削ぐ結果となった。そして、私が政策企画部長として CCRF 採択後の実施促進を担当していた時に感じたことは、発展途上国の低調な反応であった。そして、私は FAO を退職し、SEAFDEC に赴任する。

　SEAFDEC は 1967 年に設立された地域国際機関であるが、30 年ほどは JICA による第三国研修業務のプロジェクト実施機関であった。地域の政策を議論する機能をもっていなかったため、国際的には（例えば FAO においては）ほとんど無名の存在であった。私が FAO から転職した 1997 年から SEAFDEC の改革が進められ、まず着手されたのが CCRF の東南アジア版「責任ある漁業の行動規範の地域ガイドライン（RCCRF）」の作成であった。RCCRF の作成および

それに続く「ミレニアム会議」開催などに関しては日本政府（外務省、水産庁）から特別な資金援助を得た。そして、将来の SEAFDEC 加盟国とも目されるアセアン諸国 10 カ国の水産担当部署による RCCRF の必要性についての理解も得て、RCCRF の作成が開始された。RCCRF は 12 章からなる CCRF の内、漁業管理、漁業操業、養殖開発、漁獲物の処理と貿易に加え、ASEAN 地域で重要な小規模漁業の管理（内容的には日本の漁業権漁業に近いが、地域に受け入れられやすくするため CO-MANAGEMENT という名称を使用した）の 5 つの技術課題を対象にした。

　ここで、ASEAN 地域における小規模漁業と高緯度地域の沿岸漁業を比較してみる。先進国でも小規模漁業という規定があるが、多くの場合、海上人命安全条約（SOLAS）で安全装置の一部免除が許される全長 25m 以下（約 100GT）の船舶を使用する漁業としており、5 GT の船が 90％以上を占める東南アジアの小規模漁業と比較することは無意味である。また、漁船数で比べると、数千隻が登録されている米国に対し、数十万隻が漁業に使用されている東南アジア諸国、そして 100 万隻を超えると推定されるインドネシアを考えると、それら多数の漁船を世界を押しなべて単一の方法で管理しようとする CCRF には無理がある。さらに、漁船の操業形態を見ると、数日間にわたり漁業活動を行う先進国に対して、河川、砂浜などから出漁して主に日帰り操業を行う東南アジアの漁業は地域社会との関わりにおいても大きな違いがある。CCRF で取り上げられた混獲問題についても、ウミガメに限定すれば東南アジアでも考えるべき課題であるが、西欧流に対象種に対して混獲種を規定して混獲回避を行おうとすると、対象種、混獲種を明確にせずに行われている東南アジアの漁業は経済的に成り立たなくなる。温寒帯域の魚種組成は比較的単純で対象種を設定することが可能であるが、熱帯域は多魚種で対象種を特定することが困難である。

　違法・無報告・無規制（IUU）漁業に関する問題もある。この問題は、公海漁業における違法操業の取り締まりのために作り上げられた概念であるが、いったん行動計画が採択されると、対象が公海漁業に限らず、200 海里以内の漁業にも適用しようとする動きになる。しかし、IUU 漁業の規定をあてはめると、ASEAN のほぼ 100％の漁業が IUU 漁業になってしまう。IUU 漁業の対

策として船舶監視システム（VMS）の設置を義務付けることがあるが、5 GT
以下の漁船にこのような近代機器を設置することは実効的でも経済的でもない。
世界の漁獲量の 50％を占め、漁業従事者の 90％が対象となる小規模漁業を適
切に規定し、それにふさわしいガイドラインを作成しなければ、持続的漁業は
達成されないとも言える。そこで、4 年間に 50 を超える地域の専門家会合を
開いて各国の意見を調整し、RCCRF を完成させた。

　RCCRF の次の活動としてミレニアム会議（西暦 2000 年を迎えるにあたっ
て、東南アジアの水産業の将来を考える会議）を開催した。私はミレニアム
会議の総合企画者として、RCCRF の活動を通じて明らかになった課題を含め、
以下の 2 点を同会議および将来の SEAFDEC の姿に関する大方針として提案し
た。SEAFDEC が水産分野の地域国際機関として機能するためには、1）少なく
とも東南アジア 10 カ国を加盟国とする組織にすることと、2）水産政策を協
議するためには、この地域の政策を担当する ASEAN との法的な協力関係を樹
立することが必要であった。そこで、まず、SEAFDEC の理事会を通じ ASEAN
との協力関係を構築した。1 か年の準備期間の後、ミレニアム会議は、東南ア
ジアをはじめとする国々、FAO を含めた国際機関から約 800 名の参加者を得
て 2001 年 11 月に開催された。会議は 5 日間の技術会議を通じて RCCRF の
活動の中で明らかになった問題を協議し、その後、東南アジア諸国の水産系大
臣による「特別 ASEAN 大臣会議」で「食糧安保のための決意と行動計画」を
採択した。これは EU の水産共通政策を意識したものであった。この会議を
きっかけにして、SEAFDEC の活動に興味をもった 5 カ国が SEAFDEC に加盟し、
一挙に 10 カ国の大所帯となり、ASEAN の水産の定期会議に SEAFDEC が招待
されるなど、ASEAN との協力関係も強固なものとなった。

　その後、RCCRF に関連する 5 種類の地域ガイドラインが SEAFDEC によっ
て作成された。また、SEAFDEC の定期刊行物として「Fish for the People」を
発行することになり、地域の研究者などによる投稿を得て、地域の水産に関す
る取り組みを広く発信することができるようになった。小規模漁業に焦点を
当てて行った SEAFDEC の活動は FAO によって認められ、2007 年に第 5 回マ

図 1-2　SEAFDEC 時代（1997 ～ 2008 年）

ルガリータ・リザラガ・メダル [13] を受賞することになった。7 年間を費やした
RCCRF に関する活動が報われた瞬間であった。

　「水産業の将来のことは FAO に任せておけば良い」といった東南アジア諸国
がもっていた固定概念が崩れ、「地域の水産の将来は、地域で政策を作らなけ
ればいけない」という機運が生まれたことも、大きな成果と言える。SEAFDEC
加盟国は、理事会および ASEAN 水産部会の合意を取り付けた後、2008 年の
COFI において「FAO は小規模漁業の重要性、特異性に焦点を当てた適切なプ
ログラムを実施するべきである」という提案を行った。この提案に対し、多
くの発展途上国から圧倒的な賛同・支持 [14] を受け、FAO は小規模漁業に着目
した適切なプログラムを実施すると結論した。この後、私は SEAFDEC を離れ
たため、どのような活動が継続されたか不承知であったが、2022 年の正月
に SEAFDEC から手紙が届いた。それには「本年が小規模漁業と養殖の国際
年（International Year of Artisanal Fisheries and Aquaculture : IYAFA）であり、
その活動に賛同して SEAFDEC は書籍を刊行するので、一文を寄せてくれない
か」というものであった。私は SEAFDEC 時代の小規模漁業に関する活動が何

13）FAO が「責任ある漁業の行動規範（CCRF）」に功績のあった組織あるいは個人に
　　与えるメダル。

14）COFI のようなグローバルな国際会議で発展途上国からの提案が圧倒的な支持を
　　受けることは稀である。それは、OECD の活動を軸に事前会議等を通じて共通課
　　題を協議できる OECD 諸国に対して、発展途上国には地域を超えて支え合う仕組
　　みが無いからである。そこで、COFI の期間中、南太平洋諸国、南アフリカ諸国、
　　インド洋諸国、ラテンアメリカ諸国、中近東諸国、マグレブ諸国などの 10 種類
　　以上の地域と非公式に会議を持ち、ASEAN /SEAFDEC の提案の趣旨を説明し、協
　　力を求めたことが、発展途上国による賛同・支持に繋がったといえる。

らかの形で IYAFA にポジティブに影響したと考え、喜んで一文を贈った。

　SEAFDEC を離職して、鹿児島大学の国際化の仕事に携わることになった。これまで記したように水産分野においても日本の国際的な関わりが重要になっている。私が始めた授業は毎回数百人が応募する人気授業になり、若い人たちの国際的な出来事に対する高い興味は感じ取れた。しかし、その実態には考えさせられるものがあった。大教室での授業では意思の疎通が難しいことから、私は毎回の授業に関する小論文の提出を義務づけた。「これからますます国際化が進むがどう思うか？」という質問に対して、大半の学生がほぼ二つの理由から否定的な見解を示した。「外国人が日本に来ると犯罪が増える」「就職戦線が厳しくなる」が理由であり、どちらも根拠のない外国人に対する漠然とした恐れが元になっている。

　日本の新聞は他国の新聞に比べて海外の記事に割くスペースが極端に少ない。海外のニュースといえば、戦争、天災、大事件であり、日本人が巻き込まれるとスペースが増える。これでは世界が危険と知らせているようなものである。日本政府は海外の事情を積極的に国民に知らせないし、また日本の事情の海外への発信力も乏しい。アフリカの人たちが日本は素晴らしい車や電気製品を作る技術大国であるにもかかわらず、忍者や芸者が普通に存在するバランスの悪い国と思っても仕方がない。

　また、日本が外国人を雇用することに対して最も消極的な国であることも知らされていないために、就職戦線における海外の人たちによる影響を無用に恐れている。「日本はある意味で鎖国を続けている」といっても過言ではない。今後、若い人による国際的な貢献がますます必要になる中で、このような日本の特殊事情を考えると、国内的な対応の難しさを痛感せざるを得ない。

5　おわりに

　これまで見てきたように、大きなパラダイム・シフトを経て世界の漁業は変化してきた。また、持続的開発の方向性も明らかになり、それに向けて動き始めている。しかし、道のりは決して明るいものではなさそうである。漁業は他の分野に比べると国際的努力を受け入れやすい産業であると書いたが、最後に東南アジアの漁業管理について述べ、その難しさの一端を示す。

　小規模漁業に MSY のような資源管理の適用が難しいことから、地域コミュニティーの社会性を重視した日本型の漁業権漁業、あるいは地域に適応しやすい CO-MANAGEMENT を RCCRF の一つのガイドラインとして組み込んだ。これの実施に向けた取り組みに関しては、多様な意見をある程度強権で押さえつけることができる社会主義国から積極的な反応があった。なかでもベトナムからの反応が良かった。後年、同国政府が漁業権漁業を設定するという目標を掲げ、100 カ所の漁村を組織化して漁業権を与える世界銀行のプロジェクトに私は首席技術顧問として参加した。ところが、沿岸コミュニティーへの漁業権付与（富の再配分）に対する周辺住民の拒否感は強く、東南アジアの中でも漁業管理に興味を持っているベトナムでさえも実際の制度設計に取り掛かるのには乗り越えなければならない高い壁があることを実感した。一方、軍事政権のもと強権的体質で知られるミャンマーは、冒頭で示したように国際的なパラダイム・シフトとは全く縁のない時代錯誤な漁業政策を実施している。いずれにしても、持続的漁業に向けた実効性のある取り組みが始められない中で、人口は増加し、食料としての漁業資源は激減の一途をたどっている。

　それを補う目的で養殖業が今後ますます発展していくことが想定されるが、魚粉由来の飼料が非魚粉由来の飼料に置き換わるまでには時間がかかる。ベトナムで養殖産業を対象とした屑魚を漁獲する目的でトロール漁業が運営されているように、魚粉原料確保のための漁獲の圧力がさらに増し、食用魚のためのローカル・マーケットに大打撃を与え、イワシ・サバのような大衆魚を獲る漁業へのある意味でのパラダイム・シフトさえ起こしかねない。

　最後に、FAO が 1980 年代にオマーンで実施した資源調査の結果を示す。この調査では科学魚探を使用してオマーンとイランに跨るオマーン海に約 2,000 万トン（全世界の漁獲量の 1/5 ！）にも達するハダカイワシ類資源の存在を確認した。しかし、この資源は開発されることなく放置され、35 年経過した 2015 年にオマーン政府によって、試験事業に関する国際テンダー（添付された資料では、最近のノルウェー政府が行った調査による資源推定量は 400 万トン）が出されたが、世界からの反応は薄かった。現在の漁業・養殖業事情を考えると、さらなるパラダイム・シフトを遅らせるためにも、ハダカイワシのような未利用資源の魚粉化を実現させる必要があると考える。

6 参考文献

FAO（1995）. Code of Conduct for Responsible Fisheries.
https://repository.seafdec.org/handle/zo.500.12066/660

Kato, Yasuhisa（2003a）. Globalization vs. National Implementation: The Role of Regionalization. Fish for the People (Vol.1 No.1).
https:/repository.seafdec.org/handle/20.500.12066/660

Kato, Yasuhisa（2003b）.Collection of Fisheries Data and Information. Fish for the People (Vol.1 No.2).
https://repository.seafdec.org/handle/20.500.12066/667

Kato, Yasuhisa（2004a）. Fisheries Management in Southeast Asia: Where Indicators Come In. Fish for the People（Vol.2 No.1）.
https://repository.seafdec.org/handle/20.500.12066/678

Kato, Yasuhisa（2004b）. Learning from the Japanese Rights-Based Fisheries System. Managing our Small-Scale Fisheries. Fish for the People (Vol.2 No.3).
https://repository.seafdec.org/handle/20.500.12066/691

Kato, Yasuhisa（2008）. Steering the Small-Scale Fisheries of Southeast Asia toward Responsible Development. Fish for the People (Vo.6 No.1).
https://repository.seafdec.org/handle/20.500.12066/748

Kato, Yasuhisa（2012）. Appropriate management for small-scale tropical fisheries. SPC Traditional Marine Resource Management and Knowledge Information Bulletin.
https://pacificdata.org/data/dataset/oai-www-spc-int-4362c8ce-1dee-45c3-92b7-a22c41e269ec

SEAFDEC（1999）. Regional Guidelines for Responsible Fisheries in Southeast Asia.
https://repository.seafdec.org/handle/20.500.12066/1077

SEAFDEC（2006）. Regional guidelines for responsible fisheries in Southeast Asia: Supplementary guidelines on co-management using group user rights, fisheries statistics, indicators and fisheries refugia.

https://repository.seafdec.org/handle/20.500.12066/5960

SEAFDEC（2020）. Resolution and Plan of Action on Sustainable Fisheries for Food Security for the ASEAN Region Towards 2030.
https://repository.seafdec.org/handle/20.500.12066/6583

United Nations（1993）. Report of the United Nations Conference on Environment and Development.
https://digitallibrary.un.org/record/168679

第 2 章　水産インフラ整備
Fisheries Infrastructure

江端　秀剛

Hidetaka Ebata

高橋　邦明

Kuniaki Takahashi

1　はじめに

「南国に四、五年もいて、すっかり島民が判ったなどといふ人に會ふと、私は妙な気がする。椰子の葉摺の音と環礁の外にうねる太平洋の濤の響きとの間に十代も住みつかないかぎり、到底彼らの気持ちはわかりさうもない気が私にはするからである」。中島敦がパラオでこう書いたのは、昭和 17 年のことである。それから 40 年余りたった現在、私共もミクロネシアやポリネシアの無償資金協力のプロジェクトを何件か手掛けた経験をもつことができたが、今だに彼に同感せざるを得ない。

初めてミクロネシアに足を踏み入れた時に誰もが感じる、東南アジアの豊饒な匂いとはちがった、ある種の透明感のある懐かしさは、異邦人の勝手な郷愁なのであろうか。それとも、私達日本人の遠い祖先の血につながる何かがあるのであろうか。日本とミクロネシアのつながりは長いが、無償資金協力の関係は、ごく最近始まったばかりである。ミクロネシアの伝統社会に漁業開発を根づかせるのは、なかなか難題であるが、遠い祖先の血につながる何かと、椰子と太平洋の間に十代も住みつくような気があれば、道が開けると考えるのは楽観しすぎであろうか。

途上国に対する水産インフラ整備の ODA プロジェクトに携わる水産エンジニアリング株式会社（以下 FEC）が 40 年前に作成した資料の抜粋である。今とは比較にならないほど通信環境もアクセスも悪かった当時に書かれた文章でありながら、現在も共感してしまうのは技術発展でも埋め合わせることができない文化や気持ちの差がそれらの国との間にあることを、水産インフラ整備という業務を行うなかでまじまじと感じてしまうからかもしれない。

　先の文章の舞台は大洋州の島嶼国パラオについてのものであるが、水産インフラ整備の業務の対象国は大洋州のみでなく、アジア、アフリカ、中南米など幅広い。整備計画を進める中で現地と日本との差を感じる場面も様々であるが、現地の業務を終えての日本帰国後でさえも、日本の風習を客観的に見てしまうことも少なくない。

　世界中の様々な国を訪れ、必要とされる水産インフラを作るために、なぜそれが必要とされるのか、誰がどのように使うのか、完成後は現地の人たちによって問題なく手入れをされるかなどを入念に踏査し、聞き取り、明らかにする。そのなかで、文化や考えの違いなども考慮・理解し、現状と調べた結果の補正をしつつ、あるべき水産インフラの姿を組み立てる。土地土地の文化や風習に世界基準のようなものはもちろんなく、また類似する点は他の国や地域で存在してもピタリと当てはめられるものではない。したがって現地に身をおいて得る情報は貴重であり、すべてが理解できるわけではないが、地域の住人の考えや風習をわかろうと努めることは、より良い水産インフラを作る上で重要なことである。

2　水産インフラとは

　水産インフラとは、漁港、水揚センター等がその代表的なものとして挙げられる。主として水産業発展のために整備される基盤施設であり、道路や電気水道、空港、通信などのインフラと異なるのは、そのユーザーが相対的に特殊であり、なおかつ独立して立地するケースが多い点である。漁民や仲買人などの特定の職種に特化したインフラであり、また、魚など水産物の供給源と消費者をつなぐインフラでもある。特に途上国での整備で対象となるのは、最も漁獲物の供給源に近い漁港となるケースが多い。その漁港に注目すると、様々な意味で界面に位置しているインフラであるともいえる。水域と陸地の境界、生き物と食べ物の境界、人と魚介との境界、などである。それらをはっきりと区別しながらも、動きが滞ったり、流れが淀まないよう、界面を跨いだ行き来、界面での処理、界面を通過させるための取り扱いが適切になされ、全体を機能させるべきインフラなのである。海や湖沼あるいは河川に生存する魚介は、水揚後に生鮮食料として近隣あるいは遠方の消費地へ流通させるべく、なるべく品

新しい木造漁船を運ぶ馬車
(セネガル 1988 年)

漁港にてタクシー載せられる切り身
（コンゴ 2016 年）

漁港にて漁獲統計に利用されるアプリ
（トーゴ 2018 年）

漁港にてスマホ片手に
鮮魚の出荷作業を見る仲買人
（バングラデシュ 2021 年）

出所：FEC の調査資料

図 2-1 対象地域の漁港を取り巻く人々の営み

質良く、ロスが出ないよう人の手によって適切に捌かれるが、漁港は様々な界面に位置することでその機能を果たしている。

　また、漁船の出入港にともなう活動は、漁獲物の水揚げのみではない。漁船に乗る漁民や飲料水、食料、燃料、獲った魚を冷やす氷を陸側から船へのせるための人・モノの動き、また寄港した漁船から水揚げした漁獲物を近隣や地方へ流通させるべく仲買人や輸送用車両、一般消費者などの行き来も陸側で行われている。その他、漁船の手入れや漁具の手入れ・保管機能を有するものまで様々である。

　さらに、場所によっては海の潮の満ち引きや高波、コンテナ船などが行き来

する商港との位置関係、夜間のオペレーションなど、水域と陸地の境界で起こりうる自然条件を含めたさまざまな要素も考慮し、日々の活動がトラブルなく行われるべく定常性に重きをおいて、できる限り安定的に利用可能な機能やレイアウトが求められる。また一方で、時代の変化、用いられる技術の進化に適応可能な自由度をもって、将来的な漁港利用の進化に対しても対応できることが望ましい。

　漁船も非動力船から船外機を積むなどした動力船へと更新され、水揚げ物の保冷技術、計量技術、鮮魚運搬機材、運搬車両、統計管理手法、漁船との通信手段、料金徴収方法など漁港を取り巻くあらゆる技術、ツール、手法が月日とともにアップデートする。漁港インフラは将来起こりうるそれら変化に対してもできる限り対応可能な場でなければならない。

　漁港は、オペレーションをする上で日常的に求められる定常性と将来的な発展性の重なりあったゾーンにも位置している。なお、発展性という予測困難な要素に対しては、シンプルでいかようにも再レイアウトできる、かつ壊れにくい施設という要素が必要条件であると感じる。ただし堅固なインフラを途上国で建設する難易度もまた高い。

3　水産インフラ計画の検討

　冒頭の引用文は島嶼国特有の暮らしや文化に触れているが、それぞれの地域や国には特有の暮らしや文化が存在し、人々の思想や考え方もそれぞれである。漁港など水産インフラを現地で利用するのは現地の人々である、それをデザインすることの難しさは、日本の文化や暮らしのバックグラウンドを持ち合わせる我々日本人が、現地の文化や風習を踏まえて検討しなければいけないことにある。

　お祈りの時間が日中に存在するような文化圏では、そのような空間が施設に必要になるし、漁業活動に注目しても用いる漁船の形状やサイズ、出漁時間や漁にかかる時間は日本と異なるだけでなく、同じ国でも地域によっても異なる。さらには、その地域に適応した形で時代とともに技術発展が進んでいる。漁を終えた漁船が海上から漁港の仲買人に携帯電話で取引を行ったり、漁船に乗り込む漁民への出港の連絡をSNSで行うなど、日本と似たような通信技術の活

用がなされる一方、漁港で買われる鮮魚が使い込まれたタクシーや三輪車に水の滴る状態で載せられたり、竹籠などに入れられ頭に載せて徒歩で運ばれる光景が繰り広げられるなど、新しい技術が魚を取り巻く人々の昔ながらの活動に浸透していたりもする。日々の漁労活動や関係する人々の仕事・活動の細部は変化するもので、長年使われる水産インフラの活用方法も月日とともに自ずと発展する。しかし、その発展は国や地域固有の文化や慣習に基づいたものである。その発展の流れは、たとえ日本の水産業の進化の系譜が仮に詳しく分析されたとしても、重ね合わせることができるわけではなく、それぞれの国や地域で支配的要素が異なり、結果として水産インフラの使われ方も別な進化を遂げる。

　では、それら独特な水産インフラに求められるべき機能は、何を基準に検討しうるだろうか？　一つは、そこで暮らす人々の生活に触れることが挙げられる。現場から感じとる情報は非常に重要である。地域の慣習や人々の暮らしぶりや考え方に触れることは、これまでの現地水産業の経緯や現状を理解する上で欠かせない。たとえ日本で一般的とされる施設機能や機材であっても、現地の慣習にそぐわないものは受け入れられず、最悪の場合導入しても用いられない。地域や地元漁民、漁業関係者の慣習や考え方に馴染みやすいオペレーションができて初めて定常的に利用され、さらには発展性のある施設として受け入れられる。

　馴染みやすいかどうかを判断する上で、人々の暮らし、また考え方や慣習に触れ、何に不自由しているか、何を変えたいかを考えることは重要である。時には現地の関係者とのコミュニケーションの中で、施設の機能や使い方において、考えや意見の相違が生じることもある。その際は相手の主張に耳を傾け、その妥当性を検討し、我々の主張の根拠も説明する。そして相応の妥当性を比較してどちらかの考え、もしくは必要に応じて第３の案を取り入れる。特に鮮魚を扱うので、鮮度をできるだけ落とさずに流通させることが重要となる反面、これまで対象となる地域の鮮魚が品質維持のあらゆる条件が欠如している中で品質面をないがしろにされ、取扱われてきたケースは非常に多い。鮮魚取扱い時に、氷を利用することで魚体を低温に管理すること、雑菌の混入を防ぐため、鮮魚を地面に直接置かないことなど、現地に適した鮮度管理、品質維持

を現地に定着させることは、水産インフラ整備における長年のテーマでもある。一方で、現地での調査・計画に十分な時間を確保できるわけではない。基本的にODAでの現地調査期間は短く、対象サイトでの滞在日数は少ない。さらには適切な時期に現地での調査が必ずできるわけではなく、盛漁期の現地を見ることができない等の問題も場合によっては発生する。また近年はさまざまな理由により現地へ行かずしてリモートでそれらを含めた検討を求められる風潮になっている。この点は業務の難易度をより高くしている原因でもある。

　水産インフラの検討基準としてもう一つ挙げられるのは、過去の経験則に基づく基準である。ピタリと当てはめることはできないとはいえ、近隣国での同様の水産インフラ整備の事例などは類似事例として非常に役立つものである。ただし現場の情報をどのように捌いて、どのように整理するか。過去の事例を当てはめながら全く新しい情報を時代や地域特有の振れ幅にも補正を入れつつどう捌くか、的確に処理できる知識体系を日々つくりあげる必要がある。そして、そのためには自分の知識体系の中のどこにその情報の置き場をつくってやればいいか、あるいは置かない方がいいのか、柔軟に判断できる能力が求められる。

　界面インフラで繰り広げられる様々な人やものの行き来に対して、地域の文化や慣習、関係者の考えや漁業活動方法を、現地で見聞きし、また自身の類似経験をもとにして、支配的なファクターに基づいた漁港を取り巻く活動をシミュレーションし、それらを整備する水産インフラの機能・レイアウトに落とし込む。紆余曲折の繰り返しをしながら理想に近づける。

　次の写真はアフリカ・セネガル共和国での水産インフラ整備プロジェクトのものである。木造漁船での零細漁業が活発な現地では、砂浜にて鮮魚の水揚げと日干加工がなされている。しかし水揚場、保蔵施設が欠如しているため漁獲物の汚染と損失が大きく、加工用原料が安定して確保できず、また加工時の衛生環境が悪く保存倉庫等がないため加工製品の腐敗と損失が大きいなどの問題により漁業発展が妨げられていた。本案件ではそれらの解決を目的とし、施設・機材の整備および施設運営のためのサポートが行われた。次ページに示す写真では整備前と整備後の様子が確認できるが、このような砂浜が広がる一帯に自然発生的に形成される地域の零細漁業拠点が水産インフラ整備の対象となるこ

水産インフラ整備前後の比較写真

　①②③④水産インフラ整備前　　　　　⑤⑥⑦水産インフラ整備後

水産インフラ整備後（2006 年）の鳥瞰写真

　⑧北側の水産物加工支援施設　　　　　⑨南側の水産物流通支援施設

出所：①⑤ Google Earth、②③④⑥⑦⑧⑨ FEC の調査資料

図 2-2 セネガル国ロンプル水産センター建設計画

32

とも多い。なお上記の実例では2006年の施設完工から15年以上経過しているが、施設は地域の零細漁業の活動拠点として利用されている。

　水産インフラ整備後の施設運営のためのサポートについては、施設を管理する職員や施設利用者への指導等をプロジェクトの一環、もしくは日本からの専門家派遣等で実施することも少なくない。整備後の施設が財務面でも健全に運営され、施設が適切に維持・管理され、地域内での水産拠点として継続して使われることが重要だからである。

　下図は過去の水産ODAにて水産インフラ、または水産機材供与を実施した国を合計供与額別に示したものである。なお図中のE/N額は供与額を意味するが、E/Nとは日本政府と相手国政府との間で締結する無償資金協力に関する交換公文のことである。

　対象国にはアジア、アフリカ、中南米などの地図上に確認できる国々のほかに、大洋州やカリブ海に位置するような、図では判別できない小さな島嶼国も含まれる。

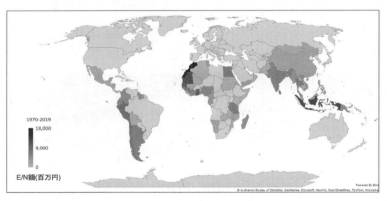

出所：一般社団法人マリノフォーラム21による水産無償資金の過去案件の地域別一覧リストより作成

図2-3　これまでの水産ODA国別実績

4　水産 ODA とは

　水産インフラ整備に係る国際援助はもともと政府開発援助（ODA）により実施している無償資金協力の中の「水産無償資金協力（水産無償）」と呼ばれるサブ・スキームに属していた。無償資金協力は、食糧援助を目的に第 2 次世界大戦の戦後賠償の一部として 1968 年から始まったが、1960 年代後半より、多くの開発途上国が自国沿岸海域の漁業資源を排他的に利用する権利の主張を強めてきたことを踏まえ、これら開発途上国による要請に応じ水産関係プロジェクトに対して無償資金協力を行うことにより、漁業面における日本との友好協力関係を維持・発展させるという観点で水産無償は創設された。

　戦後、日本の水産業は世界の海を漁場として国内水産物需要対応のため漁業生産量を伸ばしていたが、国連海洋法条約によって 200 海里体制が導入されたことで、遠洋漁業船の沿岸国での操業が困難となり、海外漁業の縮小のため、国内生産量の大幅な減少、輸入水産物の激増が起こった。当時の縮小する海外漁業を維持し、食物としての水産物を如何に確保するかという問題に対して、水産資源と海外漁場確保のための水産外交の一つとして、開発途上国の水産業発展のために水産インフラ支援に積極的に取り組んだこともその背景にある。したがって援助対象国の選定にあたっては、日本との漁業分野における友好関係を考慮している。また日本が提案する商業捕鯨に否定的で、かつ調査捕鯨についても中止が求められてきた国際的な流れに抵抗する意味で、国際的な場において捕鯨支持を鮮明に打ち出す国々への支援を水産無償という形で提供してきたという背景もある。したがって、日本の水産分野における国際協力は、開発途上国が必要とする水産業の発展を目指したものに加えて、縮小する日本水産業を維持する狙いもあった。

　1973 年から始まった水産無償では、開発途上国に対する港湾施設、流通設備、加工設備、漁船・漁具等の水産関連設備整備や機材供与が継続的に実施され、2014 年に水産無償というサブ・スキームが廃止された後も、一般無償資金協力の一部として、水産セクターへの ODA 活動として継続している。また、2015 年度からは無償資金協力の中の経済社会開発計画と呼ばれる枠組みでも、案件規模は小さいものの水産施設整備や機材供与が実施されている。経済社会開発計画は、案件を効率的かつ円滑に進めるべく調達代理機関が資金管

理と調達手続きを行う無償資金協力である。詳細な調査に基づいて施設建設や機材調達を行う従来方式では、施設や機材が相手国に渡るまでに時間を要する。よりスピードが求められる枠組みとして、近年は経済社会開発援助による水産ODA案件が増加傾向にある。

　水産関連の施設整備や機材供与などの水産ODA案件は、1973年以降2019年度までに約500件が実施されているが、対象国の水産振興を効果的に行うため、それら施設整備や機材供与に加えて、技術協力プロジェクト専門家の派遣や途上国からの研修員受入れなどの取組みも水産関連の援助として実施されている。

5　水産ODAの過去と現在

　下記に水産無償の供与額と実施件数を年代別に示す。E/N額、実施件数共に1980年代は1970年代から急増しており、1990年代に最も多くなるが、2000年代になると半減、2010年代にはさらに半減している。年間の平均案件実施件数に換算すると、80年〜90年代の15件以上あったものが2000年

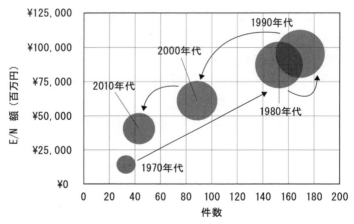

出所：一般社団法人マリノフォーラム21による水産無償資金の過去案件の地域別一覧リストより作成

図2-4　水産無償の年代別案件数とE/N金額

代では年間 10 件を下回り、2010 年代は 5 件以下となっている。

　なお、それら水産 ODA 案件の支援内容の変化に分析したものを次に示す。各案件の名称およびその案件内容から、支援内容の特徴を示す単語をキーワードとして抽出し、それら単語を含む案件数が全体に占める割合を年代別に分析したものである。

水産ODAの支援内容		73'-79'	80'-89'	90'-99'	00'-09'	10'-19'
漁獲関連	漁船関連	31.7%	27.2%	14.7%	7.1%	0.0%
	船外機・エンジン等	22.0%	15.2%	16.7%	1.2%	0.0%
	漁具関連	24.4%	17.9%	10.0%	2.4%	0.0%
	漁船修理施設	0.0%	1.3%	2.7%	0.0%	0.0%
	浚渫関連	0.0%	3.3%	6.0%	4.7%	3.0%
	製網機材	0.0%	2.0%	0.0%	0.0%	0.0%
漁業訓練関連	水産訓練施設・学校関連	14.6%	5.3%	4.7%	7.1%	0.0%
	訓練船・練習船	43.9%	11.9%	4.7%	3.5%	0.0%
調査・研究関連	研究・品質管理関連	14.6%	7.9%	6.0%	7.1%	6.1%
	漁業調査船	14.6%	6.6%	7.3%	1.2%	0.0%
	検査・分析関連	0.0%	0.7%	0.7%	4.7%	6.1%
養殖関連	養殖関連	2.4%	9.3%	4.7%	5.9%	9.1%
水産流通・漁港施設関連	冷蔵・冷凍設備	14.6%	20.5%	18.0%	22.4%	9.1%
	加工	2.4%	4.0%	4.0%	9.4%	6.1%
	漁業・漁民・コミュニティセンター	2.4%	5.3%	2.7%	16.5%	3.0%
	魚市場整備	0.0%	2.6%	10.7%	15.3%	12.1%
	荷捌場・水揚場整備	0.0%	2.6%	20.7%	34.1%	24.2%
	漁港・桟橋等設備整備関連	4.9%	23.2%	40.7%	48.2%	36.4%

出所：一般社団法人マリノフォーラム 21 による水産無償資金の過去案件の地域別一覧リストより作成

図 2-5 水産無償の年代別案件数と E/N 金額

　1970 年代の案件では「訓練船・練習船」を含むものが最も多く、全体に占める比率では 4 割以上となる。次いで比率の高い単語は「漁船関連」、「漁具関連」、「船外機・エンジン等」であり、案件全体の 32% から 22% 程度を占め、「水産訓練施設・学校関連」、「研究・品質管理関連」、「漁業調査船」、「冷蔵・冷凍設備」が続く。1970 年代の案件が、漁獲関連、漁業訓練関連、調査・研究関連の単語を多く含む上記の傾向は、当時漁業に関する技術移転、漁船・漁具の供与等が盛んに行われており、対象国の漁獲漁業の生産力向上を主眼に置いて水産 ODA が実施されていたことを説明している。一方、1980 年代以降は漁

獲関連、漁業訓練関連、調査・研究関連の案件が全体に占める比率が徐々に低下するものの、「冷蔵・冷凍設備」、「漁港・桟橋等設備整備関連」の単語を含む案件の比率が上昇し、1990年代以降は「荷捌場・水揚場整備」、「魚市場建設」の単語を含む案件の比率も上昇している。これら傾向からは、1980年代以降は生産力向上を目的とした技術移転や訓練、漁業生産のための設備・機材の供与が一段落し、漁港や水揚場、また魚市場等の水産物の水揚げや流通を改善するための施設整備が水産 ODA 案件として存在感を増してきたと言える。

　水産流通・漁港施設関連の単語を含む案件の比率は 2000 年代以降も相対的に高く、全体としての案件実施件数は減少してきてはいるものの、途上国での水産施設整備が現在においても重要な位置づけとなっている。これら漁港施設や水揚場等の水産施設の内容については、対象国や対象地域に応じてその特徴も様々であるが、主要都市の大規模漁業基地の建設などではなく、離島地域や主要都市から離れた沿岸地域の水産インフラ整備という色が強い。また 1980年代当初は漁業に特化した拠点の整備という意味合いが強かったが、徐々に地域漁業の振興を周辺の村落や地域コミュニティの発展や住人の生活向上に波及させることを意図したものが多くなっており、今後もそのような水産インフラ整備案件が形成されていくと考えられる。なお、水産 ODA 案件の実施内容の移り変わりについては、案件実施件数の多いセネガル国に注目しても同様の傾向が確認できる。漁業調査船、漁船、訓練船、船外機等の供与が 1970 年代と 1980 年代に高い頻度で、また製氷施設や冷蔵・冷蔵設備等の整備は 1980 年代に頻繁に、そして水産流通・漁港施設整備の案件は 2000 年代に複数実施されている。

　水産無償対象国を地域別に年代ごとにその供与額と案件実施件数を比較したものを次に示す。アジア、アフリカ、大洋州、南米、中近東の 5 地域で比較すると、1970 年代はアジア地域が額・案件数共に最も多かったが 1980 年代以降はアフリカ地域、大洋州、南米で額・案件数ともに急増し、アジア地域を上回っている。この傾向は、国際捕鯨委員会（IWC）の決議により中断に至った商業捕鯨の再開を目的とし、日本と同じく鯨類持続的利用支持の立場をとる IWC 加盟国への水産分野での支援が積極的に行われるようになったこと、1993 年の第 1 回アフリカ開発会議（TICAD I）開催以降、アフリカ援助の拡

充がなされたこと、アジア諸国の所得水準向上により無償対象国から卒業した
ことなどがその要因として考えられる。なお、図中での中近東に該当するのは
近年ではモロッコのみである。

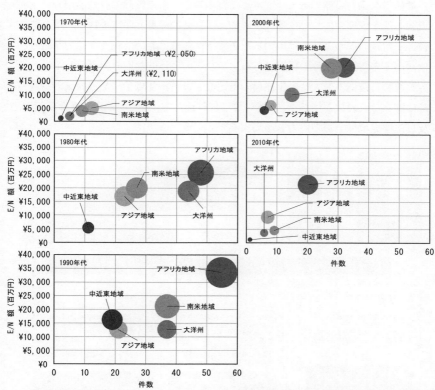

出所：一般社団法人マリノフォーラム 21 による水産無償資金の過去案件の地域別一覧リ
　　　ストより作成

図 2-6 地域別 水産無償案件数と総 E/N 額の推移

近年の水産無償の役割については、日本の漁業権益のみに資するだけではなく、途上国の零細漁民を支援することによる貧困削減や食糧自給の促進をより大きな目標に掲げているほか、漁業資源の持続的利用やジェンダー配慮なども付随する取り組みとして重要となっている。水産 ODA の基本方針については、2010 年に「課題別指針（水産）」として JICA より示されている。

具体的な協力目標である「安定した食糧供給（水産資源の有効活用）」「水産資源の保全管理」については、世界的に「持続的漁業」が導入され、限りある資源を持続的かつ有効に利用するために水産無償において様々な協力を行う必要が出てきたことがその背景にある。これらの具体的な取り組みとしては、資源動態調査技術、最大持続生産量の推定などの資源評価手法及び漁業の管理方策に関する協力などがあり、資源の管理に関連して、資源培養技術（種苗放流）及び生態環境保全等の協力も該当する。

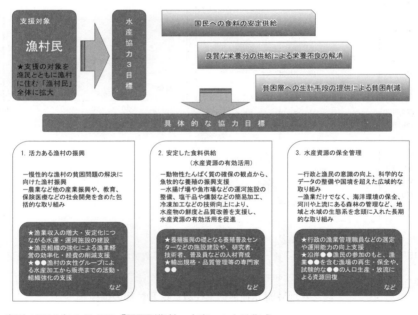

出所：2010 年 6 月 JICA「課題別指針―水産―」より作成

図 2-7 JICA 水産分野の課題別指針の基本方針

「活力ある漁村の振興」の協力目標に対しては、漁村活動の一部を占めるに過ぎない漁業活動に関わる協力のみを展開するのではなく、水産業以外の経済活動発展に資する協力、漁村における生活環境改善に資する協力も積極的に展開する必要があると解釈されている。「人間の安全保障」への取り組み等の援助の潮流の変化を踏まえ、漁民のみならず、漁村に生活基盤を置く人々（漁村民）を直接的な裨益対象者として捉え、漁村民の生活の改善を中心目標とした総合的な漁村振興に資する協力も水産無償の役割と捉えられ、被援助国の水産業振興や食料の安全保障に直結する支援として位置づけられている。開発途上国の人口増加と食料供給の問題が懸念されるようになり、また 1994 年に国連海洋法条約が発効し、開発途上国で水産資源の有効利用の重要性が一層強く認識されていることから、こうした水産分野の支援の重要性は常に高く、具体的な援助内容としては、漁港等の漁業生産基盤、水産物流通・加工施設、水産分野の研究・研修施設の整備・建設、漁業調査・訓練船の建造、漁村の振興等が該当する。

6 おわりに

　水産 ODA は、これまでもそうであったように今後もそのトレンドや方針が変化し続けるのだと感じる。漁業資源の保護や食糧不足、気候変動やエネルギー不足などの問題が世界的にも大きくなりつつある現状、また混沌とする世界情勢は、物理法則であるエントロピーの増大に沿っており、止めることはできないのかもしれない。そのような中で水産 ODA として対象途上国にどのような支援ができるのか、また上記の世界的な問題に対してどのように取り組んでいくべきなのか、予測が困難なファクターや技術的制約は、今以上に増えていくと考えられる。

　そのような現実を直視しつつも、現地にフィットし、且つ国際社会を取り巻く様々な課題に対応可能な水産インフラを紆余曲折の繰り返しをしながら組み立てる。またそれができるよう現場の問題を的確に処理できる知識体系をダイナミックに日々つくりあげる。ODA としての水産インフラ整備を手掛けるエンジニアとして今後も試行錯誤しつつ謙虚に取り組みたい。

7 参考文献

トーゴ国ロメ漁港整備計画準備調査報告書
　https://openjicareport.jica.go.jp/890/890/890_530_12262754.html
セネガル共和国ロンプル水産センター建設計画基本設計調査報告書
　https://libopac.jica.go.jp/images/report/P0000163484.html
ガボン共和国ランバレネ零細漁民センター整備計画基本設計調査報告書
　https://openjicareport.jica.go.jp/890/890/890_510_11731536.html
ヴィエトナム社会主義共和国ヴンタオ漁港施設建設計画基本設計調査報告書
　https://openjicareport.jica.go.jp/890/890/890_123_11228939.html
ミクロネシア連邦伝統漁業改善及び漁業基地整備計画基本設計調査報告書
　Vol.1. コスラエ伝統漁業改善計画
　https://openjicareport.jica.go.jp/890/890/890_213_10291623.html

第 3 章　日本式村張り定置網の技術移転
Technology transfer of community-based set-net in Southeast Asia

有元　貴文

Takafumi Arimoto

1　はじめに

　日本の政府開発援助（ODA）が始まったのは 1954 年にコロンボ・プランに加盟して以後となる。それまでは戦後復興において援助を受ける立場にあったものが、途上国への技術協力に取り組み始め、当初の援助対象としてはアジア地域が主体であった。この多くは戦後賠償としての意味合いが強かったが、同時にマレーシアのルック・イースト政策に代表されるように経済発展をしつつある日本のあり方に学びたいというアジア各国の動きがあり、そして国際経済の枠組みの中で距離的に近く、心情的に理解し合える状況に恵まれていたことにも起因するだろう。こういった背景の中で 1974 年には国際協力事業団（JICA、現国際協力機構）の設立もあって日本の ODA の拡充と多様化も進み、アジアでの経験や実績を踏まえて中南米やアフリカ諸国へと対象地域も広がってきた。このような全体の動きの中で、漁業に関する技術協力も面々と続けられてきたことになる。

　水産分野の国際技術協力のなかで、日本の定置網技術を移転する試みが世界の各地で挑戦されてきた。富山県氷見市が刊行した氷見定置網トレーニングプログラムの報告書（氷見市 2003）のなかで、JICA 事業としてこれまでにチリ、トリニダード・トバゴ、パラオ、タンザニアでの技術移転のあったことが記されている。この他に地中海でクロマグロを対象にしたチュニジアでの大型定置網の移転事業もあった。しかし、戦前から定置網の歴史をもつ韓国、中国、台湾での事例を除けば、アジア地域ではフィリピンが日本式の定置網を持つ唯一の国であり（森ら 1979）、タイやインドネシアでは過去に何回かの技術導入の試みがあったものの、定着するには至っていなかった。

　ここで、「責任ある漁業（FAO 1995）」の枠組みが当然となりつつある現状

では、新しい漁法を途上国に技術移転しようと考えても、実際には非常に困難な状況を覚悟する必要がある。特に、これまでの漁業技術の移転がしばしば乱獲による資源の枯渇につながり、結果として資源管理のための手法や種苗放流による資源添加を実施することが新たに要求されてきたことを忘れてはならない。このために、さらに次の技術協力を続けるというサイクルに陥っているという事例が当然のように話題になる。定置網が環境にやさしく、持続的な漁業を実現するための最適な漁法であるというお題目だけでは決して許されない状況にあることは理解していなければならない（有元 ら 2007）。

このような情勢のなかで、2003 年にタイ国で日本式の定置網が導入された。当初は東南アジア漁業開発センターの事業（Munprasit 2004）として実施され、2005 年からは富山県氷見市が JICA の草の根技術協力事業 (地域提案型) によって積極的な技術支援を行ってきた（有元ら 2006、Manajit ら 2011）。このなかで、定置網を通じて沿岸小規模漁業者がグループを結成して操業することの大切さが認識され、前浜漁場の資源を管理しょうという意識を生みだし、またトロールや巻き網の沿岸域での操業に対して、グループとして立ち向かうだけの意識と立場の強さも育ってきていた（SEAFDEC 2005）。

このタイでの定置網技術移転の成功を受けて、2007 年からは JICA の草の根技術協力事業（パートナー型）としてインドネシアの南スラヴェシに定置網を導入することとなり、その際に日本の村張り定置網の概念を前面に出して、地域振興のためのツールとしての有効性を実証することとなった。2008 年 3 月には漁具の敷設が完了し、操業が開始された。この準備段階での経緯を紹介した報告（有元ら 2008、有元 2008）をもとに、日本の村張り定置網が途上国の漁村コミュニティ振興にどのように役立つかを整理してみたい。なお、東南アジアでの定置網漁業の技術移転としては他にもいくつかの事例があり、例えばスリランカでは石川県の漁業者が主体となって行われ、またマレーシアでも鹿児島大学によるプロジェクトが実施された。こういった各地の事例の中ではパプアニューギニアが現在までで唯一の成功例となっている。2013 年に始まったプロジェクトでは海外漁業協力財団による技術支援を通じて 7 ケ統目まで事業展開が継続され、新規漁場への支援をしつつ、これまでの漁場へのファローアップ対応も行われており、地域への技術定着や人材養成といった各段階

で着実な展開が進んでいる（目黒 2019）。

2　インドネシアにおける定置網導入の経緯

　インドネシアではセロ（sero）と呼ばれる伝統的な簀立（すだて）漁法があり、袋網の部分に櫓（やぐら）を組んで集魚灯で集めるような工夫もあり、各地沿岸での小規模漁業として広く使われている。しかし、日本式の定置網についてはまだ導入成功例がないままに過ぎてきた。日本の大学に留学し、あるいは JICA の研修を受けて帰国した研究者や行政官は多く、日本で学んだ定置網の技術を導入したいとの希望は戦後すぐの段階から始まっていた。特に、インドネシアの水産高等教育確立に尽力された故アイオディア先生の薫陶を受けた教え子たちは、なんとかして日本の定置網技術をインドネシアに導入しようと様々な努力を試みてきた。

　記録に残っている最初の技術導入は 1956 年にカリマンタン島であり、続けてスマトラ島リアウ州、ジャワ島のマドゥラ島での試みがあったが定着には至らなかった。この年代はタイでの導入の初期の歴史と同じころであり、日本で学んだ留学生が帰国しての果敢な挑戦であったろう。さらに、1980 年代、そして 90 年代にも散発的な挑戦が続けられたが、今に思えば日本からの技術支援もなく、失敗の歴史だけが積み重ねられていた。

　2002 年に氷見市で開催された世界定置網サミット（江添 2002、2003）、そして 2003 年にタイでの定置網技術導入が行われたことを契機として、インドネシアの若い研究者たちの改めての動きが始まった。2005 年 1 月に日本学術振興会拠点大学事業によるセミナーをスマトラ島リアウ大学で開催した折に、多分インドネシアで初めての定置網漁業に関するセッションを開き、タイ国での技術導入の成果を紹介した。

　この折に、スラヴェシ島北部のマナド近郊で外国資本による大型定置網の導入事例のあったこと、沿岸漁業者がこれに反発して撤去のやむなきに至ったことが紹介され、驚いたのを覚えている。同時に、2004 年 12 月のスマトラ島アチェでの津波災害が話題になり、この地域の復興に向けて定置網を導入して新しい沿岸漁業の仕組みを作りたいとの提案が出され、2005 年 4 月には定置網視察のためのインドネシア国会議員の来日もあり、氷見市への訪問を案内し

ている。

　この当時は燃油高騰の始まった頃でもあり、インドネシア海洋水産省として
も沿岸で安定した漁獲の上げられる定置網漁業に注目し始め、いくつかの候補
地をあげて導入の可能性を探り始めていた。過去に行われてきた導入の試みを
考えると、ここでまた失敗してしまえば、インドネシアでの定置網導入の可能
性がなくなってしまうことが最も心配であり、慎重に進めるようにとの忠告を
続けてきたが、実際には候補地の一つであったイリアンジャヤに 2006 年に導
入が実施され、操業が始まったとの報が入った。

3　候補地選定から始まった長い助走期間

　タイでの技術移転に際しては SEAFDEC 訓練部局が技術指導にあたっており、
また指導担当者を氷見市へ招聘して短期の技術研修も行われていた。これに対
して、インドネシアでは現地側に技術指導を行えるだけの人材はいなかったこ
とから、日本で定置網漁業研修を済ませて帰国している元研修生に活躍しても
らうことを考えた。日本で外国人を受け入れての漁業研修制度はマグロ延縄漁
業とカツオ一本釣り漁業が主体であり、定置網漁業で研修生を受け入れている
のは当時は宮崎県南郷町だけであった（竹内 2002）。インドネシアへの定置
網技術移転を計画するにあたって、ここで 3 年間の研修を終えて帰国した人
材の確保を目指すこととした。南郷町で実態調査を行ったところ、第 1 期生
が南スラヴェシのボネ水産高校の卒業生であり、彼が非常に優秀であったこと
から続けて同じ高校からの研修生を受入れていることが分かり、この水産高校
の施設や人材を活用できるように導入候補地としてボネ県パレテ村が決定され
た。

　スラヴェシ島はアルファベットの K の字をしており、南部にはボネ湾とい
う大きな湾がある。ボネ県はこの西側の半島に位置し、人口 69 万人、南スラ
ヴェシ州の州都マカッサルから 200 キロ、山を越えて車で 5 時間の距離であ
る。漁業としては集魚灯を利用した巻網と敷網が主体であり、沿岸では櫓を組
んで操業する敷網や簀建、そして釣り、刺網、籠といった小規模な漁法が行わ
れている。また、キリンサイという海藻の養殖が始まっており、この養殖面積
の拡大が進みつつあった。

　候補地の選定が終わってからが長い助走期間の始まりとなった。予算の獲得先として、タイで氷見市が実施したJICAの草の根技術協力をお手本に、草の根パートナー型として新たな申請を目指すこととなった。海洋大も水産分野での第1号としてすでにJICAにコンサルタント登録を済ませてはいたが、JICAへの提案書を作り、予算案を作成するのは素人にはあまりにも困難であり、海外コンサルタント会社との連携を取ることとした。実際には、インドネシアでの技術協力に経験豊富なアイ・シー・ネット（株）と新事業の立ち上げに向けて早い段階から相談を開始しており、南郷町での定置網漁業研修制度の調査も共同で行っていた。

　第1回目の現地視察は2006年3月であった。タイでの定置網技術指導に実績のある氷見市から1名、アイ・シー・ネットから2名、そして海洋大から2名の合計5名での現地入りであった。ここで漁業者グループや県水産局、そしてボネ水産高校との初顔合わせがあり、また南郷町で定置網研修を受けた1期生のザエナル氏を始めとして、草の根事業が始まれば技術者として手伝っていただく候補者との顔合わせもできた。魚探とハンドコンパスを使って海底地形の簡単な調査から敷設位置の見当をつけ、また魚市場での水揚げの状況を確認してきた。また、マカッサルにあるハサヌディン大学は海洋大と姉妹校の関係にあり、定置網技術導入に向けた協力体制を確保し、リエゾンオフィスの設置提供を受けることも決まった。

　これを受けて、海洋大としての草の根技術協力事業の申請に向けた学内承認の取り付けに入り、7月の提案申請に向けての準備作業を開始した。大学で通常行っている研究費申請とは別次元の書類作成となり、アイ・シー・ネットのスタッフの強力な支援が続き、またJICAの窓口となる担当者との打合せも続いた。当時の草の根技術協力は3種類の枠組みが用意されており、いずれも3年以内の事業として地域提案型が450万円以内、協力支援型が1,000万円以内、そしてパートナー型が5,000万円以内となる。定置網の漁具材料を購入し、現地での漁具作成から敷設作業、操業指導、さらに操業結果のモニタリングまで考えると、パートナー型を目指すのが望ましいのは確かであり、平和構築や環境・人権・福祉といった分野で実績のある大手NGOとの競争は大変であるとの忠告を受けつつ、関心表明から提案書申請まで進めてきた。

　実際にはこの時点での採択はかなわず、当初から2年間は連続して挑戦する覚悟でいたこともあり、ボネ県への2回目の現地視察を続けて実施した。2006年8月であった。このときはSEAFDECで定置網技術移転を担当するアスニー氏との二人旅となり、始めにジャカルタ近郊のボゴール農科大学でのセミナーに参加して、インドネシアでの定置網導入に向けた準備会合をもった。続けて、アチェ州での導入候補地の視察、そして本命となるボネ県での現地事前調査、最後にジャワ島に戻って、バンテン州での定置網導入に関する準備会合と、忙しく動いている。ボネ県での調査にはインドネシアの漁具会社からも2名が参加し、今後の事業展開の中での漁具資材提供の可能性についても協議を開始した。また、電磁式流向流速計と水深水温計を漁場候補地に設置し、本格的な漁場環境調査を開始した。このときの調査結果をもとに、11月申請に向けた提案書の加筆修正が行われ、翌年の採択につながることとなる。

4　JICA草の根事業（パートナー型）の採択

　2006年11月の2回目の申請で採択がかなった。申請書では事業の背景と必要性について以下のように記載している。

　「インドネシアの沿岸域では漁業者の持続的水産資源利用への意識が低いままに多様な沿岸漁業が無秩序に行われている現状にある。そのために、漁獲量は減り続け、漁業者の所得水準は低く、生活が困窮している。沿岸域の安定的な漁業生産と漁家経営を目指すには、持続的な漁業技術の導入と漁業者の組織化が重要であり、沿岸域の漁村振興を可能とするツールが必要となる。このためには、日本の漁村で長い伝統を持ち、漁村経済の活性化と漁場保全に大きな役割を果たす「村張り定置網」の導入が有効である。沿岸域住民の合意形成の上での漁場管理を前提とした日本の定置網漁業を導入し、個々に操業する漁業者の協業化を促進させ、沿岸域の漁獲努力量を削減するとともに、地域コミュニティによる漁業経営体を組織することで住民の収入が安定し、沿岸漁村振興が実質的、効果的に促進されることが期待される」。

　事業の目的として、漁場の利用管理と持続的沿岸漁業のツールとして「村張り定置網」が地域に定着し、持続的な漁業技術の定着、水産物加工・流通を通じた漁家経営の改善を図りつつ、対象地域の沿岸漁業の持続的発展と地域振興

を目指すこととし、以下の4段階での事業展開を計画した。

1.「村張り」制度の導入：地域住民の合意形成をもとに漁業者グループを組織
　化し、村張り定置網を共同操業するための基盤を構築する。
2. 組合による定置網操業の実践：定置網の製作・敷設・操業管理を漁業者が
　共同で行い、漁業者組織が主体となって定置網を経営する。
3. 付加価値をつけた流通・販売体制の確立：定置網の経営を安定させるために、
　鮮魚・活魚の販売ルートの確保や水産加工品生産を行い、漁業経営の採算性
　を高める。
4. 定置網の利益の適切な管理：利益配分システムが確立され、定置網の経営
　状態をモニタリングする。

　草の根事業はボランティア・ベースのプロジェクトであり、大学のスタッフ
が要請を受けて技術プロジェクトに専門家として参加する体制とはかなり異
なった仕組みとなる。大学として外部資金の導入にはなるものの、予算のすべ
てが資機材購入と旅費で終わってしまい、それでは大学としてのメリットは何
か、そして大学の関与する事業としての意義はどこにあるのかを学内で説明し
なければならなかった。文部科学省も2002年に「我が国の大学における国際
開発協力の促進について」といった方針を打ち出してはいたが、実際には各大
学の対応力や基本姿勢の違いは大きいはずであり、「実践的、かつグローバル
な研究・教育機会の創出、人材育成の促進に向けた研究の場の提供、これを通
じた大学そのもの、そして教員・学生の国際化促進と国際競争力の強化、さら
に途上国ネットワーク構築による国際貢献」といった内容を改めて確認するこ
とが要求される。もちろん自分達にとっても事業を開始するための大義名分は
必要であるが、義務感からではなく、やりがいのある面白い事業でなければ担
当者が息切れしてしまうのも確かであろう（有元 2006）。

　JICAからの採択確定と前後して第3回目の現地事前調査を実施した。こち
らは海洋大の大学院シーズ研究費として学内経費を獲得していたものであり、
漁具漁法、漁船・漁場環境、経営管理に水産環境教育の分野を加えた4名で
現地入りした。実はこの派遣の折に、4名中3名までが水か食べ物かにあたっ
てダウンしてしまい、帰国後に入院・通院という事態まで起こしてしまった。
熱帯域での技術協力をしていれば当然ではあろうが、身体を壊してまでも実

施する意義はあるのかと悩む時期があった。それでも草の根チームからのメンバーの脱退はなく、事業開始に向かってさらに進んでいく。

5 事業開始から操業開始まで

　2007年度に入って草の根事業が本格的に動き始めた。必要な漁具資材の確定と発注、船外機等の資機材やインドネシアで建造する予定の網起し船の仕様確定、日本国内とインドネシアでの購入資材についての見積りを用意して、初年度の予算案を確定していった。同時に、海洋大とアイ・シー・ネットの間で共同企業体を結成し、JICAとの正式契約を進め、また、インドネシア政府に対して事業実施に向けた合意の取り付けといった作業も行われた。これらのなかで、事業実施のためのインドネシア側との覚書の書式確定に手間取り、当初の7月の事業開始の希望がかなわず、8月の第1回派遣予定は日程的に間に合わずに事業外としての準備訪問となってしまった。この遅れが、漁具資材の発注の遅れ、そして資機材納期の遅れにつながってしまったのは悔やまれる限りであった。

　さて、10月に初年度事業としての第1回目派遣で漁具仕立て作業の開始、1月の第2回目で箱網、運動場、垣網に側張りの完成、そして3月の第3回派遣で漁具敷設作業、操業開始と進められてきた。それぞれ2週間の派遣期間で現地漁業者に技術を伝え、次の訪問までの作業課題を残して帰国することが繰り返された。この間、9月には現地雇用のスタッフがタイ国の定置網技術移転先で研修を行い、また11月にはボネ水産高校の校長と漁業者グループのリーダーを日本に招聘して氷見市での定置網漁業視察、そして南郷町での定置網漁業研修現場の視察を実施した。日本では秋から冬への時期であり、氷見では初ブリの水揚げまで視察でき、日本の魚市場のあり方や、沿岸漁業のなかでの定置網の重要性を理解して頂けたに違いない。

　2008年3月3日、初起こしであった。ボネ湾に浮かぶ側張りの黄色い浮子の列、氷見の網起し船の設計図をもとに現地で建造した木造船が垣網に沿って進み、運動場に入っていく光景は、長かった助走期間、そして網を作り始めてから半年間の苦労が報われる感動の景色であった。初漁は245キロの漁獲、ヒイラギ等の小型魚主体なのは残念であったが、周年操業のなかで高級魚の漁

漁具敷設作業

定置網操業風景

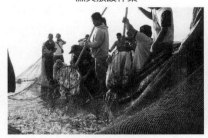
定置網漁獲作業

漁獲物の販売風景

大漁の笑顔

図3-1　インドネシアにおける定置網技術移転

獲増を期待し、また鮮度保持による販売努力と加工による付加価値向上に向け
て、草の根定置網は次の段階に入っていく。

6 途上国漁村振興のための村張り定置網の意義

　日本の定置網を途上国へ技術移転しようとするこれまでの試みは多かったに
もかかわらず、実際に定置網が地域に定着し、他地域へ普及するという成功例
はなぜみられないのだろうか。今回の草の根事業を始めるにあたっての大きな
疑問であり、この事業の成否にかかわる大事な視点であると感じていた。各国
で技術移転に携わってきた方々の体験談からは、資材や人材のないところから
始まる漁具の仕立ての苦労、海面を占有使用することへの行政や地元住民の理
解不足、そして漁具の維持管理を漁業者グループに伝えることの難しさや、操
業で大漁したときの漁獲物処理能力の問題まで、難しさは山積みであることを
実感しつつの事業展開であった。

　これまでの日本からの技術移転の内容は大きく２つに分けられる。一つは
定置網を入れること自体が目標となるプロジェクトであり、漁具会社のスタッ
フが資機材を日本から持ち込んで敷設から操業開始までを担当する。もう一つ
は、ある地域の漁業振興を目指したプロジェクトのなかで、定置網の建て込み
や操業指導に実績のあるスタッフが事業の一環として独自に実施する場合で、
この場合は本当に何もないところからのスタートとなる。ODA によるプロジェ
クトの評価は妥当性、効率性、目標達成度、インパクト、そして自立発展性の
５つの項目について行われるが、残念ながら過去の事業のなかで定置網が定着
しなかったことについての資料は入手できなかった。次の事業立ち上げに向け
て、何を変えれば良いのかの教訓が得られないことは、評価の仕組みそのもの
が十分に機能していないことであり、個人の経験にはなっても、組織的な経験
として蓄積されていない悲しさがあった。

　タイからインドネシアへ続く定置網技術移転の試みには、越中大謀網発祥の
地としての 富山県氷見市の大きな努力があり、現地関係者との個人的なつな
がりを大事に育てての連携体制があってこその事業展開であった。その氷見市
の漁業者から、村張り定置網についての教えを受ける機会があった。江戸時代
から続く定置網漁業が氷見の村にとってどのようなものだったかの知見である。

　この教えを受けて、インドネシアでの技術移転プロジェクトでは「村の、村による、村のための定置網」という概念を前面に出しての立ち上げを行った。
　「村張り定置網」という言葉は、定置網漁業を学ぶ上で必ず耳にする重要な概念であるが、実際にきちんと定義されたものではないようである。現状の会社経営や漁業協同組合自営の定置網に対して、任意団体としての共同組合としての組織が村張り定置網の流れを受けたものと考えるが、もちろん江戸時代からの組織体制のままであるはずもなく、今では概念としての立場になってしまっている。
　村張り定置網について、私の考えは、定置網の存在によって一つの村の経済が成り立つものであり、他の産業を持たない村が共同体として生きるための手段となる。江戸時代に地引網やカツオ一本釣りなどの組織的な漁業を行うにあたっては、漁具、漁船から労働力の確保まで多額の資金が必要であり、村の有力者による網元経営による場合もあれば、複数の有力者による資金供与や、あるいは村として資金を借り入れての経営が通常であった。これらの形態が戦前まで続いていたわけであり、戦後の漁業制度改革を経て現在の経営体が機能していることになる（二野瓶 1999、山口 2007）。機械化の進んでいない時代には、大型定置網であれば、例えば 100 名の乗組員が必要であり、その水揚げに 100 家族が依存する。これに加えて、加工や流通からサービス業といった周辺産業が村のなかに育つことになる。氷見市で受けた教えでは、飢饉や経済恐慌のあったときには乗組員を増やして 200 名を収容し、歩合を半分に抑えて 1 日おきに操業に参加するような対応がなされたという。村として生き残るためのツールであり、これを活かすための知恵があったといえよう。もちろん村が都市化していく過程で定置網への依存度が低下し、村張りとしての意義は薄れてきた。特に資本投下と回収努力という観点からは、今の日本で経営的な効率性が追求されるのは当然であろう。しかし、村張り定置網の基本的なあり方は、開発途上国の漁村コミュニティ振興に新しい方法論となることが期待される。

7 村張り定置網は途上国援助に本当に有効か

インドネシアでの草の根技術協力としての定置網の技術移転は、操業開始までなんとか漕ぎ付けて初年度が終了した。しかし技術移転は目的ではなく手段でしかない。この枠組みを使って、どのように漁村コミュニティ振興を実現するかがプロジェクトの最終目標となることはいうまでもない。過去に行われた各地での定置網技術移転の経験が十分に活かされてはいないのだが、少なくとも「援助の切れ目が成果の切れ目」にならないように 3 年間事業を遂行し、現地での技術定着と他地域への普及展開を確認することは最低条件である。そのための方法論として、現地で入手できる漁具資材と漁業技術で定置網を始めることが必要であり、地産地消の魚価に見合った初期投資を考える必要がある。日本から漁具を持ち込んだ場合の設備投資は、現地での水揚げ金額に到底対応せず、収支バランスがとれないことは目に見えている。また、日本へ輸出できるような高級魚を狙った定置網の操業は、フェアトレードの問題も含めて、現地の産業や経済を底支えする仕組みとしては縁遠いことも確かである。

残念ながらインドネシアでの定置網資材に要した費用はまだまだ現地価格として普及可能なレベルではなく、設備投資としての経費削減も課題であった。しかし、漁具仕立てから建て込み、そして網起しや網替えの技術については地元漁業者にじっくりと時間をかけて移転する努力が続けられた。そのなかで、「村張り定置網」というツールを使いこなせるか、または操業経費と水揚げ金額の収支決算（Manajit ら 2011）のなかで使い続けていこうという意識が育ってくれるかが重要な評価基準になるだろう。さらに、定置網の漁獲物が高鮮度であり、活魚出荷にも対応できるという日本での優位性がインドネシアで通用するかどうかは漁業者グループの販売努力にかかっている。また、大漁貧乏にならないための加工や保蔵のあり方も大きな課題であり、ボネの定置網漁獲物についても日本式の干物を試作販売したり、水産高校の食品学科の施設ではすり身製品の加工実習も行われていた。これらの努力を通じて、新しい食文化を生み出す可能性もあり、一村一品としての展開も夢がある。体験漁業や観光漁業としてのエコツーリズムへの展開や、現地の水産高校がインドネシアの定置網技術移転のためのセンターとして機能してくれる可能性も大きかった。もちろん、定置網そのものや、漁業者がグループとして参加する組織について、日

本からの押し付けになってしまってはいけない。現地漁業者に妥当なレベルでのオーナーシップが生まれ、持続性が担保されることが重要となる。

ボネ県での定置網導入に際して、漁場を占有するという定置網の特性を説明し、地元関係者や行政の理解を得ての事業展開ではあったが、今後の普及展開に向けては定置網漁業権や規制のあり方までをきちんと伝えていくことが要求される。事業開始の直後から南スラヴェシに限らずインドネシア各地からの問い合わせも多く、草の根レベルでの技術協力がどのように実を結ぶかの第2段階へと進んできた。インドネシアは日本と同じ島国であり、地方開発は建国以来の課題である（アジア経済研究所 1994）。特に東インドネシアの地域振興は今後の国際開発援助の大きな目標ともなっている。日本の定置網が沿岸域の資源管理に役立つかどうか、そして、途上国の漁村コミュニティ振興に本当に有効であるかを実証していく過程で学ぶ経験は、日本の定置網漁業へフィードバックできるものに違いない（有元 2016）。だからこそのやりがいであり、面白さであるという実感を大切にしていきたい。

8 おわりに〜東南アジアでの定置網技術移転のその後

以上がインドネシアに村張り定置網を導入した 2007 年に始まった事業の初年度の活動報告であった。3 年間の事業の終了時にはボネ水産高校に漁具資材や漁船の一式を譲渡し、水産高校の実技教育の一環として定置網操業を継続し、地元漁業者の指導に当たってもらうことを期待して事業の完了となった。プロジェクトで雇用していた技術スタッフも高校の教員として採用され、その後も技術指導に活躍してくれていた。しかし 2016 年には水産高校から専門学校（ポリテクニック）への組織替えがあり、残念なことに定置網に関する活動について現在は行われていないとのことであった。新しい組織として漁具の更新といった大きな予算を必要とする事業の継続は困難であったものと理解している。しかし、プロジェクトの実施中からインドネシア各地での定置網漁業への関心は強く、2008 年には同じスラヴェシ島のジェネポント県に海洋水産省によって同規模の定置網が導入された。その後も定置網技術移転への動きは続いており、2020 年にはオンラインでの定置網セミナーが開催されて、これまでの経緯と今後の導入計画についての議論も始まっていた。ボネ県での事業に参加し

ていた現地関係者が定置網導入を通じて得てきた経験を活かして、次の動きに進んでくれることを期待している。

2003年からタイで実施された定置網漁業導入のプロジェクトも2013年に改めての許可申請を行う段階で政府水産局からの認可が得られず、現在まで操業中断のままに過ぎている。2017年には現地で関係者が集まってのセミナーを開催した。定置網漁業者からは操業再開を望む声は強かったが、陸揚げされたままの漁具の老朽化も顕著であり、政府の許可が得られたとしても新規導入と同じだけのゼロから始まる努力が要求されることになるであろう（有元ら2017）。

ここで最後に、世界各地で技術移転した定置網が定着しなかった理由について改めて考えてみたい。日本では四百年とも言われる長い歴史を通じて全国各地で沿岸域の漁業として定着してきたわけであるが、こうなるまでにはさまざまな先人の努力の積み重ねがあった。特に、海流に沿って北上・南下回遊する魚群が季節的に岸近くに来遊する特性については江戸時代にまで遡る知見があり、建切網（たてきりあみ）の好漁場として利用されてきた（渡辺2022）。漁具構造としても網に入った魚群を網内に確保して蓄積性を高める落とし網への技術展開もあり、これを支える基盤技術として漁具材料や漁具設計の発達、そして漁業機械の導入について漁具会社が各地の特性に合わせて対応を進めてきた。同時に漁獲物の流通についても魚市場の発達があり、戦後になってからは漁業協同組合による組織的な展開もなされて今に至っている。

こういった定置網を支えるさまざまな要素が完備されていない途上国に技術移転することにそもそもの無理があるのは当然とも言えよう。今となっての反省として感じているのは漁具の保守整備や新規更新に対応した事業継承を実現するためには、漁業者や技術者の存在が必要なのはもちろんであるが、同時にビジネスモデルを確立するために企業経営の感覚も要求される（Manajitら2011）。タイ国での事業に際して地元の行政官と話をしているときに、私たちが日本から現地に通って技術指導に苦労している様子を見て、「巻網のような大型の漁業を経営する企業に任せれば、もっと簡単に事業として成功するだろう」とあっさり言われてしまった。また、2010年にタイ湾南部に政府が導入した定置網では行政から管理者が入って操業を開始した。漁場としても恵まれ

た条件で漁獲状況も好調であったが、不思議なことに一日置きの操業体制が続けられていた。毎日操業すれば収入も増えるはずであるが、管理者の立場としては人件費を節約するためとの説明であった。漁業者に支払う人件費は参加している漁業者にとっては収入であり、これを削減して経営を安定させるのでは村張りの理念から遠ざかってしまう。

　地域振興のための開発援助の根幹にも関わることであるが、外部からの資金と指導を受けての技術移転としては地域に定着して持続性が確認されるまでの長い年月が必要であることを理解しなければならない。導入初期の段階だけで終わってしまう多くの ODA プロジェクトでは世代交替まで考えたバトンの受け渡しを見届けるのは到底無理なことであり、継続支援のための予算の裏付けや国・地域としての開発政策との合致といった幾つもの条件が必要となる。設備投資に対する収益性の追求だけでは終わらない難しさである。

　途上国への定置網技術移転という大きな挑戦について、タイ国とインドネシでの経験をまとめ、これからどのような展開に進むべきなのかを考えてきた。インドネシアでの事業の経緯については海洋大のホームページ[1]に紹介をして、活動内容を示す広報にも努めてきた。

　タイ国での技術協力が一段落した折には、これまでの経緯を取りまとめる機会も得られ（有元ら 2017）、また、これまでの経験をもとに日本の定置網漁業の今後の課題を見直す経験もできた（有元 2016）。こういった取りまとめの作業のなかで国際技術協力の現場での努力について <5 つの「あ」> という情報をインターネットで目にした。「焦らず、慌てず、諦めず、当てにせず、頭にこなければ……」という技術協力の基本ともなる教訓を改めて思い起こしながら、定置網技術移転について、次の動きが始まってくれることを希望している。

1）http://www2.kaiyodai.ac.jp/~tarimoto/index-setnet.html

8 参考文献

アジア経済研究所：インドネシアにおける地方開発 (ASEAN 等現地研究シリーズ No.27)、pp.191、1994

有元貴文・武田誠一・佐藤 要・濱谷 忠・濱野 功・茶山秀雄・江添良春・A.Munprasit・T.Amornpiyakrit・N.Manajit：日本の定置網漁業技術を世界へ〜タイ国ラヨン県定置網導入プロジェクトの起承転結〜、ていち、110 号、p.19-41、2006

有元貴文：大学における国際学術交流 - 過去・現在・未来 -、日本水産学会漁業懇話会報、No.51「21 世紀における国際学術交流」、P.1-14、2006

有元貴文・崔 浙珍・安 永一・A.Munprasit・M.A.I.Hajar：定置網漁業における取り組み、日本水産学会漁業懇話会報、No.53「東アジアにおける持続的漁業への提言」、p.17-20、2007

有元貴文：日本式村張り定置網の技術移転による漁村コミュニティ振興、日本水産学会漁業懇話会報、No.54、「アジア太平洋島嶼域の国際開発協力における持続的な漁業への提言」、p.41-51、2008

有元貴文・武田誠一・馬場 治・濱谷 忠・濱野 功：日本式村張り定置網のインドネシアへの技術移転、ていち、114 号、p.1-14、2008

有元貴文：外から見直す日本の定置網漁業－現状と今後の課題－（第 39 回相模湾の環境保全と水産振興シンポジウム、「相模湾の定置網漁業の現状、課題と今後の方向について」）、水産海洋研究、80、p.168-171、2016

有元貴文・武田誠一・馬場 治・吉川 尚：タイ王国ラヨン県の村張り定置網導入、「地域が生まれる、資源が育てる〜エリアケイパビリティの実践（石川智司・渡辺一生編）」、p.95-144、勉誠出版、2017

江添良春：氷見から世界へ発信 !! 人と環境にやさしい定置網漁業－氷見定置網トレーニングプログラム事業－、ていち、101 号、p.55-72、2002

江添良春：世界定置網サミット in 氷見を開催して（氷見定置網トレーニングプログラム）、ていち、103 号、p.31-37、2003

氷見市産業部水産漁港課：氷見定置網トレーニングプログラム報告書、氷見市、pp.313、2003

目黒悠一朗：パプアニューギニア独立国における定置網漁業プロジェクトにつ

いて、ていち、136 号、2019

森敬四郎・大沢要一・島 安萬：フィリピンの定置網、ていち、56 号、p.19-37、1979

二野瓶徳雄：日本漁業近代史、平凡社選書 188、pp.246、1999

竹内正一：外国人漁業研修・技能実習制度について、ていち、101 号、p.73-82、2002

渡辺尚志：海に生きた百姓たち～海村の江戸時代、草思社文庫、pp323、2022

山口　徹：沿岸漁業の歴史（ベルソーブックス 29）、成山堂書店 pp.200、2007

FAO：Code of conduct for responsible fisheries、pp.41、1995

Manajit、N.、Arimoto、T.、Baba、O.、Takeda、S.、Munprasit、A. and Phuttharaksa、K. "Cost-profit analysis of Japanese-type set-net through technology transfer in Rayong、Thailand"、Fisheries Science 77、p447 ～ 454、2011

Munprasit A. : Preliminary study on the introduction of set-net fishery to develop the sustainable coastal fisheries management in Southeast Asia – Case study in Thailand、Proceedings of the 12th Conference of International Institute of Fisheries Economics and Trade (IIFET 2004 Japan CD-ROM、ISBN:0-9763432-0-7))、pp.11、2004

Training Department、SEAFDEC : Final Report of Set-net Project / Japanese Trust Fund I - Introduction of set-net fishing to develop the sustainable coastal fisheries management in Southeast Asia : Case study in Thailand 2003-2005、Southeast Asian Fisheries Development Center、TD/RP/74、pp.402、2005

コラム　カンボジアの内水面漁業における四半世紀
A quarter century of inland fisheries in Cambodia

堀　美菜

Mina　Hori

　カンボジアの内水面漁業を取り巻く状況は、この四半世紀で大きく変わった。

　1999 年、カンボジアの内水面漁獲量はそれまでの約 10 万トンから約 30 万トンへと飛躍的に増加した。これは、従来、漁獲記録のあった商業的な大規模漁業と中規模漁業に分類される漁業のみが漁獲統計として計上されてきたところに、今まで不明瞭であった自家消費的な小規模漁業の漁獲量の推計値が含まれたことで統計に記載される漁獲量が倍増したからである (Ishikawa et al. 2017)。その結果、カンボジアは年間 30-40 万トン台の漁獲量を誇る世界でも有数の内水面漁業国として名を連ねるようになった。特にトンレサープ湖周辺においては、住民の動物性たんぱく質摂取量の 75％が水産物により供給されており (Ahmed et al. 1998)、漁業は食料安全保障の面からも重要な産業であった。

カンボジア水産局により地域住民を対象に行われた
コミュニティ漁業のワークショップの様子（2003 年）

トンレサープ湖の水上生活村で刺し網漁をする小規模漁業者（2005 年）

　時を同じくして、カンボジアでは第一次漁業改革が進められ、トンレサープ湖にあるフランス統治時代から続いてきた区画漁業権が段階的に撤廃され、保護区と小規模漁業の漁場に転換された。カンボジア水産局には、2001 年にコミュニティ漁業推進室が設置され、新たに転換された小規模漁業の漁場における水産資源の管理母体として、地域住民をグループ化した漁業コミュニティを設立し、彼らによる資源管理が推進されることとなった (Ishikawa et al. 2008)。私が初めてカンボジアを訪れたのは、まさに水産局員が各地域で地域住民対象のワークショップを精力的に開催し、新しい仕組みであるコミュニティ漁業は誰でも参加できること、皆で資源を守りながら使うことの重要性を説明して回っていた頃である。当時、日本政府から派遣された漁業政策改善アドバイザーが水産局に常駐しており、日本の資源管理型漁業の知見を参考に、カンボジアの新しい漁業制度の立案に尽力していた。

　2004 年に調査を実施した伝統的な小規模漁業を営む半農半漁の村では、稲作生産が家庭消費に足りないことから、農閑期にトンレサープ湖へ出かけて漁業をする人が多くおり、彼らにとって小規模漁業は重要な現金収入獲得の手段となっていた (Hori et al. 2006)。また、トンレサープ湖には水産物の集積場となっている水上生活の村が複数あり、多くの仲買業者が漁業者から我先にと魚を買い集めては首都や隣国へと出荷していた（堀 2008）。

　その後 2011 年から第二次漁業改革が進められると、トンレサープ湖の様子
は一変した。湖では区画漁業権が完全に撤廃され、小規模漁業のみが操業可能
となり、大規模漁業と中規模漁業は姿を消した。これにより漁獲報告義務のあっ
た漁業がなくなり、小規模漁業は漁獲記録が残されないことから、トンレサー
プ湖における定量的な漁獲データの記録システムがなくなってしまった。更に、
今まで曖昧に運用されてきた小規模漁業の規制が厳格になり、実際に使える漁
具のサイズは小型化した (Hori 2015)。集積場となっていた水上生活村の仲買
人の店には、小規模漁業者が日々の漁獲を持ってくるのだが、多くても 20-30
kg、少なければ数匹の魚を持ち込むにとどまり、このままでは赤字になってし
まうと仲買業者が表情を曇らせていた。

　近年、トンレサープ湖では、大型魚類の減少や漁獲物の平均栄養段階が低下
しているという報告もあり、資源状態の悪化が懸念されている（Enomoto et
al. 2011, KC et al. 2017)。小規模漁業が内水面漁獲量の 9 割以上を支えるこ
とになったため、全国で 500 を超える漁業コミュニティによる漁場と資源の
管理の重要性はますます高まったように思われた。しかし、農業生産が十分な
地域や賃金労働機会のある地域では、収入の安定しない漁業は敬遠され、小規
模漁業で現金を稼ぐ人は減っていった（Hori et al. 2011)。また、この頃カン
ボジアの農村地域においては、経済発展と共に若者を中心に都市部や海外へ出

漁業コミュニティの保護区には、漁業禁止の看板が立てられ、
境界にフェンスが張られていた（2023 年)

稼ぎに行く人が増えた。その結果、各漁業コミュニティの運営は、村で残って漁業をしている者や皆に慕われている年長者、更には農業経営が順調で通年自宅にいる者など漁業に直接従事しない人が担う機会も増えていった。

　2016年から漁業コミュニティの代表者らに活動内容を聞き取る調査を実施したが、国際機関やNGOなどによる外部支援の有無で彼らの活動は大きく異なっていた。外部支援がない場合には、資金難からほとんどが開店休業状態となり、漁場の監視もままならなかった。一方で、外部支援がある場合は、漁場監視のための船やガソリン代などが支給され、月数回の監視を実施していた。更に、保護区の設置（多くの場合、乾季に水生生物が生き残るだけの水が確保できる場所にため池を掘る）、洪水林の植林活動や洪水林で火事が起きた際の消火活動、養殖業・畜産業の支援、頼母子講と幅広い活動に取り組んでいる漁業コミュニティもあった（Hori 2020）。導入から20年以上が経過し、漁業コミュニティは設立当初のデザインとは異なる形で、外部資金の受け皿となり、環境保全や地域住民の生活向上を支える住民組織として機能していた。

　しかし、そこには残された課題もあると思われる。外部資金の多くは3年から5年ほどの期限付で恒常的な資金源にはなっていない。行政からの支援が期待できないのであれば、各漁業コミュニティが資金を生み出す仕組みの導入が早急に求められる。また、漁業コミュニティは管理する漁場において、漁業に関する独自のルールを設定できるが、排他的な利用は認められていないため資源管理へのインセンティブが働きにくく、漁場や漁具の利用制限を設定しているコミュニティにはまだお目にかかっていない。

　水産業にかかわる者としては、トンレサープ湖の豊かな恵みを持続可能な形で利用しながら守るという本来の漁業コミュニティが機能する姿を見たいと思っている。それは、経済発展やグローバル化の波が押し寄せる中で、小規模漁業と共にあった地域の人々の食文化や伝統知を守ることに他ならないからである。

参考文献

堀美菜 2008 湖の人と漁業—カンボジアのトンレサープ湖から—. 秋道智彌,
　黒倉寿編. 人と魚の自然誌—母なるメコン河に生きる—. 世界思想社.

Kazuhiro Enomoto, Satoshi Ishikawa, Mina Hori, Hort Sitha, Srun Lim Song,
　Nao Thuok and Hisashi Kurokura 2011 Data mining and stock assessment
　of fisheries resources in Tonle Sap Lake, Cambodia. Fisheries Science. 77(5)

Mahfuzuddin Ahmed, Hap Navy, Ly Vuthy, Tiongco Marites 1998
　Socioeconomic Assessment of Freshwater Capture Fisheries in Cambodia:
　Report on a Household Survey. Mekong River Commission.

Mina Hori, Satoshi Ishikawa, Ponley Heng, Somony Thay, Vuthy Ly, Thuok Nao
　and Hisashi Kurokura. 2006 Role of small-scale fishing in Kompong Thom
　Province, Cambodia. Fisheries Science. 72(4)

Mina Hori, Satoshi Ishikawa and Hisashi Kurokura 2011 Small-scale fisheries
　by farmers around the Tonle Sap Lake of Cambodia. In : Sustainable fisheries
　: multi-level approaches to a global problem (William W. Taylor, Abigail J.
　Lynch, and Michael G. Schechter, editors) American Fisheries Society.

Mina Hori 2015 Coming Together to Fish. SAMUDRA Report. 71
　https://www.icsf.net/wp-content/uploads/2021/06/4168_art_sam71_e_
　art08.pdf

Mina Hori 2020 Cambodia & Japan: Suggestions for Cambodian community
　fisheries from the Japanese system. In: In the Era of Big Change: Essays
　about Japanese Small-Scale Fisheries Research (Yinji Li and Tamano
　Namikawa, editors) TBTI Global Publication Series.
　https://tbtiglobal.net/wp-content/uploads/2020/07/In-the-Era-of-Big-
　Change-ebook_Final.pdf

Satoshi Ishikawa, Mina Hori, Akira Takagi, Thuok Nao, Kazuhiro Enomoto and
　Hisashi Kurokura 2008 Historical changes on the fisheries management in
　Cambodia. TROPICS. 17 (4)

Satoshi Ishikawa, Mina Hori and Hisashi Kurokura 2017 A Strategy for
　Fisheries Resources Management in Southeast Asia: A Case Study of an

Inland Fishery around Tonle Sap Lake in Cambodia. Aqua-BioScience Monographs. 10(2)

K.B.KC.N.Bond, E.D.G.Fraser,V.Elliott, T.Elliott, T.Farrell, K.McCann, N.Rooney, C. Bieg 2017 Exploring tropical fisheries through fishers' perceptions: Fishing down the food web in the Tonle Sap, Cambodia. Fisheries Management and Ecology.24(6)

第 4 章　JIRCAS の水産研究協力－ 30 年間の研究成果概要－
JIRCAS international cooperation in fisheries research:
An overview of research results for 30 years

宮田　勉
Tsutom Miyata

1　はじめに

JIRCAS は Japan International Research Center for Agricultural Sciences の略称であり、日本語名称は国際農林水産業研究センターである。その前身となる農林水産省熱帯農業研究センターは 1970 年に設立され、その当初の設立目的は熱帯域の「開発途上国の農業振興に必要な技術の開発と、我が国の農業研究の領域拡大と研究水準向上に資すること」（農林水産省 2000）であった。

熱帯農業研究センターは水産研究分野を対象としていなかったが、「多くの開発途上地域では水産資源は重要な蛋白資源となっており、食料自給のため、さらに沿岸漁民の生活の糧を保証するために、特に生態系と調和した水産業をめざした研究協力の要請が一段と増大してきていた」（農林水産省 2000）ため、1993 年 10 月 1 日、水産部も加えた国際農林水産業研究センター（JIRCAS）となった。その後、水産部は 2005 年から水産領域となり、現在に至っている。そして、2022 年 10 月に JIRCAS の水産研究開発 30 年目を迎え、「世界の食料問題、環境問題の解決及び農林水産物の安定供給等に貢献」することを上位目標に研究を行っている [1]。

JIRCAS 設立当初は現水産研究・教育機構からの転籍研究員が大部分を占めていたが、現在では概ね半数が当該機構からの転籍研究員で、半数は JIRCAS 採用研究員となっている。転籍研究員と JIRCAS 採用研究員の交流によって、国内および海外で培った水産研究知識を双方で共有し、両組織の間で相乗効果を発揮している。この相乗効果は JIRCAS の設立目的に適っており、開発途上国の研究発展と国内の研究領域拡大に貢献していると言える。

---

[1]　https://www.jircas.go.jp/ja/about/jircas

　本章では、研究の側面からの水産協力という視点で、JIRCAS 水産部 / 水産
領域が行ってきた研究成果の概要を紹介する。本章が、国際協力機関や水産
国際開発に興味のある方々にとって、少しでも役立てば幸甚である。ただし、
JIRCAS の水産研究成果の全内容をここに紹介することはできないため、30 年
の間でどのような研究がなされてきたかについて読者に知ってもらうことを
主目的に、各成果の概要を年代別に紹介したい。ここに紹介する研究成果は
JIRCAS の Website ですべて見ることができ、さらにその研究成果情報には元
となった文献も記載されているので、その文献を見て頂ければさらに詳しい情
報を得ることができる。もちろん、ここで紹介する内容が JIRCAS 研究成果の
全てではなく、どちらかというと社会実装に近い研究成果の内容となっている。

2　1993 年 10 月から 2000 年度までの研究成果

　1993 年 10 月〜 2000 年度までは農林水産省の研究組織であった。以下では、
先ず農林水産省の時代の研究成果概要を紹介する。

　最初に、東南アジアで需要の高いオニテナガエビについて、採卵技術を確
立するために、成熟・産卵・脱皮過程と内分泌要因の関係を検討し、脱皮ホ
ルモンや幼若ホルモンが成熟に関与することを明らかにした（ワイルダーら
1996）。また、オニテナガエビの成熟に関与する卵黄タンパク質ビテリンの
アミノ酸配列決定および合成部位の解明（ワイルダー・楊 1999）などの基礎
的な研究開発がなされた。

　マングローブの開発度合と魚類生産に関する事例研究では、2 地域間で稚幼
魚の生産性が 4 〜 5 倍異なることが解明された。また、マングローブと魚介類
生産機能の関係では、相対的にマングローブ面積の大きい海域の方が漁獲量
は多いものの、魚類の多様性は低くなることを明らかにした（前田ら 1999）。
マングローブを利用した養殖排水の浄化に関する研究では、エビ養殖場から
排出される窒素をマングローブが吸収することを明らかにした（下田 2000）。
さらに、エビと二枚貝を混合養殖することによって有機汚濁物質が低減するこ
とを解明した（日向野・Pichitkul 2000）。

　また、東南アジア産有用魚介類の遺伝変異検索マニュアル（原・Na-Nakorn
1996）、熱帯域に分布する魚類やイカ類の日齢査定（巣山ら 1997）、さらに、

中国産淡水魚を用いた冷凍すり身の技術開発なども行われた（福田ら 1998）。この期間においては、オニテナガエビの生理研究、マングローブの機能性や環境保全型養殖を主対象に研究が展開された。

3　2001年度から2005年度までの研究成果：第1期中長期計画の期間

　2001年4月から2014年3月まで独立行政法人 国際農林水産業研究センター、2015年度からは国立研究開発法人 国際農林水産業研究センターとなり、現在に至っている。そして、2001年度以降5年ごとに中長期計画を策定しており、それに応じて研究が実施されている。以下ではその第1期目の中長期期間に得た成果を紹介する。

　エビ類の生残率向上のために、成熟した親エビを選定するための成熟度判定技術を開発した（ワイルダーら 2002a）。また、グリーンウォーターを用いたオニテナガエビ種苗生産技術開発は、ベトナムで行われ、生残率の向上、生産コストの削減に寄与することが明らかにされた（ワイルダーら 2002b）。さらに、エビ養殖による環境負荷の低減、養殖エビへい死時の代替収入確保を目的として、ウシエビとクビレズタ（海ブドウ）の混合養殖研究がタイと沖縄県で行われ、両種とも生産性は向上し、水質の改善、エビ鰓の付着生菌数減少が明確になった（浜野ら 2005）。

　マングローブ、海藻、貝類等で水を浄化するエビ養殖システムの研究開発では、様々な利点があったが、特に給餌量が19%削減された（藤岡ら 2005）。同様の研究として、マングローブの浄化機能に着目したエビ養殖研究も行われた（下田ら 2003）。

　疾病対策では、養殖エビのウィルス病（ホワイトスポット・シンドローム・ウィルス）の診断方法を開発した（大迫 2001）。また、フィリピンにおける養殖ハタの原因不明の大量へい死の原因究明に関する研究も行われた（前野ら 2002）。

　熱帯性・亜熱帯性魚類向けの飼料研究開発として、フィリピンや石垣島で採捕した経済価値の高い魚類を対象に成分分析を行い、アラキドン酸の重要性を解明した（尾形ら 2004）。そして、飼料にアラキドン酸を添加することによって、熱帯性・亜熱帯性魚類の産卵成績や仔稚魚の生残率が改善することを明ら

かにした（尾形ら 2005）。その他、中国産淡水魚類の筋肉の鮮度変化の特徴などの成果があった（横山・陳 2001）。

　この期間では、エビ類を主対象とした養殖生産の効率性に関する研究開発が主体となっていた。

4　2006 年度から 2010 年度までの研究成果：第 2 期中長期計画の期間

　種苗生産において不可欠な催熟技術であるが、種苗生産効率化と動物福祉の観点から、エビ類の眼柄切除によらない人為催熟技術開発が求められている。本研究ではバナメイエビの卵黄形成に関わるホルモンの単離と生物活性測定方法を開発した（Wilder ら 2006）。また、ラオス在来テナガエビについて、塩分濃度を複数回調整することによって、高い生残率となる人工種苗生産技術を開発した（伊藤ら 2008）。

　さらに、世界初の「屋内型エビ生産システム（ISPS）」を開発するとともに、閉鎖循環式に適した安価な餌を開発した（ワイルダーら 2008）。また、この ISPS で飼育されたバナメイは、輸入エビと同等の餌を給餌しても、遊離アミノ酸含有量は日本産養殖クルマエビと同程度となり、また外国産輸入エビよりも高い値を示した（奥津ら 2010）。ウシエビと海藻の混合養殖では、収益性が高まること、また海藻を摂餌することによって成長が促進されることなどが明らかとなった（浜野ら 2007、浜野ら 2009）。

　ラオス国内で需要の高い淡水在来魚であるキノボリウオ亜科 2 種の集約的種苗生産技術開発に成功した（森岡ら 2008）。さらに、新たな養殖対象として、有望なラオス在来コイ科魚類を選定し、また初期減耗が非常に低い種苗生産技術開発を行った（森岡ら 2010）。

　これらのほか、東南アジアの集約的養殖場の汽水エビから薬剤耐性菌を特定する研究も行われた（矢野ら 2010）。

　この期間は新たな多くの革新的な研究成果が得られた。バナメイエビの眼柄切除によらない人為催熟方法、ISPS 開発、ラオス在来のテナガエビや複数の淡水魚の人工種苗生産技術開発など目覚ましい成果が得られた。

5 2011年度から2015年度までの研究成果：第3期中長期計画の期間

　ラオス在来のテナガエビの回遊パターン、繁殖場所・時期及び初期生活史を明らかにし、産卵場と推定された洞窟河川において、主産卵期である8月に禁漁とした場合、漁獲量が約30％増加することが推定された（伊藤ら2011）。また、ラオス北東部のテナガエビは集団間で遺伝的に分化しており、河川間で遺伝的交流は見られないことを解明した。しかし、集団サイズ及び遺伝的多様度ともに低下しており、各地域集団の遺伝的特性に適した資源回復手法の開発が必要であるという結果を得た（今井ら2012）。

　熱帯汽水域の最重要養殖魚であるチャイロマルハタ幼魚の資源評価および漁獲管理研究において、漁獲実態および生物学的解析により同魚の現状は乱獲傾向にあること、漁獲努力量を減らすことで資源管理効果を飛躍的に高めることが明らかとなった（山本ら2011）。

　ラオス中山間農村地域で重要な食料タンパク源である小型コイ科魚類 *Rasbora rubrodorsalis* は、短命で年に複数回世代交代しながら、周年繁殖しており、このような個体群保全には、季節的な漁獲規制より、上流域の周年的禁漁区の設定が有効であることを明らかにした（森岡ら2014）。この他、ラオスの小型在来魚の研究は、遺伝解析（森岡ら2013）、養殖飼料としてのアメリカミズアブ生産技術開発（中村・森岡2015）、加工食品としての発酵調味料開発（丸井ら2014）なども行われた。

　これまで行われてきた、魚介類に及ぼすマングローブの機能性に関する研究（田中ら2011）、ウシエビとジュズモ属緑藻の混合養殖技術開発（筒井・Aue-umneoy 2015）も引き続き実施された。

　東南アジア等に生息するハネジナマコの麻酔手法と正確なサイズ測定手法を開発した（渡部ら2011）。また、ナマコ種苗生産における主な飼料は珪藻・海藻粉末となっているが、ハネジナマコの稚ナマコを実験対象とした場合、珪藻に動物性タンパク質を加えることで、効率性の高い飼料の開発につながる可能性が示唆された（渡部ら2013）。

　マレーシアにおけるハイガイ稚貝発生量の減少要因は、過度の有機物負荷による沿岸の環境悪化が性成熟不良を招いたことが原因であり、また大量死は、大雨等大量出水に伴う環境変化により、摂餌不良・栄養吸収阻害を引き起

こしたことによる衰弱が主因であると結論付けた（圦本ら 2014）。ハイガイ
などの麻痺性貝毒の原因となるプランクトン 2 種の遊泳細胞および 1 種の休眠
胞子の分布を、マレーシア半島の主要産地で、初めて明らかにした（圦本ら
2012）。

　この期間に、ナマコや二枚貝などの研究対象種が増え、また資源管理を念頭
に置いた研究が実施され、研究範囲が大きく拡大した。

6　2016 年度から 2020 年度までの研究成果：第 4 期中長期計画の期間

　ウシエビのイエローヘッドウイルス (YHV) は共食いにより感染拡大するこ
とを明らかにした（筒井ら 2016）。また、ウシエビ養殖初期に糸状緑藻と微
小巻貝を摂餌させることで、成長・生産性、摂餌量・飼料効率が改善し、収益
性を向上させることを明らかにした（筒井・Aue-umneoy 2020）。さらに、バ
ナメイエビの遺伝子情報を基に RNA 干渉法（合成 RNA）を用いることで卵黄
形成抑制ホルモンの遺伝子発現が抑制でき、卵成熟を促進させることができる
技術を開発した（Kang・Wilder 2019）。ラオス在来テナガエビの孵化後から
着底まで塩分 3.5ppt 人工海水で飼育し、その後 1 週間 1.7ppt 海水で馴致飼育
した後に淡水飼育を開始することで、浮遊幼生の 70% 以上が稚エビまで成長
することを明らかにした（奥津ら 2017）。

　ラオス在来種のキノボリウオ種苗を水田に低密度放流した場合、無給餌でも
高水準の生産性が見込まれ、さらに給餌することで生産性は向上することを明
らかにした（森岡ら 2018）。アメリカミズアブ幼虫はキノボリウオの飼料タ
ンパク質源として有効であることを、アブの飼育、当該飼料を用いた養殖、成
分分析などを行い明らかにした（森岡・Vongvichith 2019）。ラオスにおける
重要な食用魚であるタイワンドジョウは資源の減少が危惧されている。本種は
体長 20cm 以上で性成熟し、4 月前後に卵巣が成熟することから、この時期に
体長 20cm（2 歳）以上の個体を漁獲規制することが資源保全に効果的である
ことを明らかにした（森岡・Vongvichith 2016）。ラオスの重要な漁業資源で
あるニシン科の小魚パケオは乾物や発酵食品の主要な原料で、乱獲による漁獲
量の減少が問題である。パケオの日齢・成長・繁殖等の生態特性を解明するこ
とによって、適切な資源管理は禁漁期ではなく禁漁区の設定が有効であること

を明らかにした（森岡・丸井 2019）。ラオスで重要な淡水魚発酵調味料のヒスタミン生成を、仕込み時の塩分調整で抑制できることを明らかにした（丸井ら 2020）。

　その他、東南アジアで生産量が激減しているハイガイの養殖漁場を適切に管理するため、二枚貝の成育状態の指標である丸型指数及び肥満度をハイガイに活用できるよう改変して、成育状態及び漁場環境を簡便に評価する手法を開発した（齊藤・Hong Wooi 2020）。また、コストの高い飼料用魚粉及び魚油への依存率を低下させることを目的に、フィリピンで利用可能な安価で効率的な代替原料の有効性を検証し、養殖用飼料原料として殆ど利用されていない家禽加工残渣がミルクフィッシュ養殖用飼料の原料として有効であることを解明した（杉田ら 2019）。

　前中長期計画 2011 年度-2015 年度では研究範囲が大きく拡大したが、当該期間においては、その研究が発展・深化し、ある研究は社会実装に近づき、ある研究は社会実装につながった。

7　2021 年度以降の研究成果と計画概要：第 5 期中長期計画の期間

7-1　2021 年度研究成果

　第 5 期中長期計画に発表された成果は現状 2021 年度分しかないため、この成果について触れる。フィリピンで重要な養殖対象種であるミルクフィッシュの成長と肥満度を水温で簡単に予測できるようにした（児玉ら 2021）。また、養殖によって引き起こされる遺伝的多様性の劣化を防止することなどを目的に、クルマエビ類の生殖細胞凍結（解凍）保存方法を解明した（奥津ら 2021）。

7-2　2021 ～ 2025 年度の計画概要

　これまで JIRCAS 水産部 / 水産領域の研究成果概要について述べてきたが、以下では 2021 ～ 2025 年度の研究計画について触れたい。

　JIRCAS には、環境プログラム、食料プログラム、情報プログラムがある。水産研究の中心的なプログラムが食料プログラムに包含されている（図 4-1）。また、情報プログラムでは屋内型エビ生産システム（ISPS）などの研究が展開され、そのほか、環境プログラムでは島嶼沿岸域の魚類や藻類の研究を担当している。

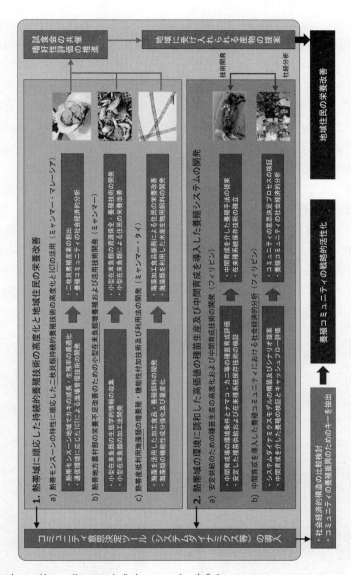

出典：https://www.jircas.go.jp/ja/program/prob/b4

図 4-1 JIRCAS 食料プログラム・熱帯水産養殖プロジェクト

　食料プログラムのなかの「生態系アプローチによる熱帯域の持続的水産養殖技術開発及び普及【熱帯水産養殖】プロジェクト」では、生態系機能を維持した、コミュニティベースの養殖漁場管理の適用により、熱帯域の持続的養殖技術開発・普及を行うとともに、水産物供給の安定化による住民の栄養改善を図ることを目指して各研究を展開している（図4-1）。特に、中間育成による養殖システムのボトルネック解消を掲げて研究を行っている。つまり、中間育成することによって、成長率や生残率を高めるための研究を行っている（図4-2, 4-3）。また、研究成果の社会実装におけるボトルネックを解消するため、養殖経営分析だけでなく、漁村のステークホルダーをも対象とした総合的分析手法を用いた研究も行っている。

　情報プログラムの「研究成果の実用化と事業展開を実現する民間連携モデルの構築プロジェクト」では、エビ類の屋内型エビ生産システム（ISPS）による種苗生産技術の商業的展開の実現と社会実装を促進する知財管理プラットフォームの確立を目指し、2022年2月に、JIRCAS初のベンチャー、Shrimp

図4-2　海面における中間育成試験のナマコ種苗
フィリピン・ギマラス島

Tech JIRCAS を設立させ、コンサルティング事業等を展開している。

　環境プログラムの「熱帯島嶼における山・里・海連環による環境保全技術の開発プロジェクト」では、環境資源の適切な管理や生物資源の有効な利活用を通じて土壌流出の抑制と栄養塩類の負荷量削減に寄与する技術を山・里・海で開発・実証し、流域モデルを用いてこれら技術導入による島嶼の河川水質改善等の環境保全効果を定量化することを目指している。

図 4-3　カキ中間育成と ICT 化研究のための養殖漁家調査
マレーシア・ケダ州グルン

8　おわりに：JIRCAS 水産研究開発 30 年間を振り返って

　JIRCAS の 30 年間の水産研究成果を鳥瞰すると、主に東南アジアを対象とし、淡水・海水エビ類を対象とした研究成果が多く、生理、種苗生産、完全循環型養殖、複合養殖、疾病、遺伝的多様性など主に養殖関連研究を中心に、また、テナガエビの資源管理に関する一連の研究も実施された。

　エビ類の生理研究では、特に成熟に関する研究が積極的に行われ、現在も続

いている。この研究を発展させた種苗生産技術と、循環式陸上養殖 ISPS と組み合わせ、JIRCAS 初のベンチャー企業 Shrimp Tech JIRCAS を 2022 年 2 月に立ち上げ、これまでの研究成果を社会実装へとつなげた。現在、国内外の民間企業と多様な連携を通じた研究成果の普及が行われている。

　水産部設立当初の 1993 年から第 1 期中長期計画末の 2005 年までは、水生生物とマングローブの生態系や環境の研究が多く実施されたが、それ以降の研究は低位である。ただし、現在もマングローブとそこに生息する水生生物の生態系の研究は継続している。そして 2006 年以降、東南アジアの在来淡水魚に関する研究が増加し、農村地域における水田やため池等を研究フィールドとした、在来淡水魚の種苗生産、生理、代替飼料開発、無給餌養殖技術、資源管理、水産加工などの研究が展開された。在来淡水魚の一連の研究は「ラオス在来魚類研究〜在来種の養殖適用と資源保全」として単行本としてまとめられ（森岡 2021）、これを活用した研究がタイのウボンラチャタニ県において現在進行している。

　複合養殖も長期的に行われており、海藻、ウシエビ、ナマコ、ミルクフィッシュなどを対象に研究を行い、上述のような複数の成果が得られた。また、餌の競合の少ない養魚の組み合わせによる水田複合養殖の研究成果も得られた。そして、エビ養殖池におけるエビ類、藻類、貝類の複合養殖は社会実装にかなり近づいた。

　飼料研究成果について、幼虫を在来淡水魚に適応した研究や、家禽加工残渣をミルクフィッシュに利用した研究を実施し、研究成果を得てきた。養殖飼料は、養殖コストの大部分を占めることから、効率的な飼料の開発の期待は大きいが、既存研究が多く存在し、また商品開発が進んだ分野であることから、新たな成果を創出することは容易ではない。ただ、水田やため池で行われた無給餌養殖や施肥による養殖研究は発展の余地があると思われる。

9　参考文献

農林水産省　国際農林水産業研究センター (2000) 国際共同研究 30 年：TARC-JIRCAS の歩み. P.6-9

マーシー ワイルダー・Nguyen Anh Tuan・Nguyen Thanh Phuong・Dang Thi Hoang Oanh・Truong Quoc Phu（1996）東南アジア産オニテナガエビ（*Macrobrachium rosenbergii*）の成熟・産卵・脱皮過程の解明. 国際農業研究成果情報 No.4

マーシー ワイルダー・楊衛軍（1999）オニテナガエビの卵黄タンパク質ビテリンのアミノ酸配列決定および合成部位の解明. 国際農業研究成果情報 No.7

前田昌調ら（1999）マングローブ汽水域における魚介類生産機能の解明. 国際農業研究成果情報 No.7

下田徹（2000）マングローブを利用した養殖排水の浄化. 国際農業研究成果情報 No.8

日向野純也・Phongchate Pichitkul（2000）エビと二枚貝の混合養殖による有機汚濁物質の軽減. 国際農業研究成果情報 No.8

原素之・Uthairat Na-Nakorn（1996）東南アジア産有用魚介類の遺伝変異検索マニュアルの作成. 国際農業研究成果情報 No.4

巣山哲・Syarifuddin Tonnek・上原伸二（1997）熱帯産水産生物の日齢査定. 国際農業研究成果情報 No.5

福田裕・陳舜勝・王錫晶・周麗滓・張冬梅（1998）中国産淡水魚を用いた冷凍すり身の開発. 国際農業研究成果情報 No.6

マーシー ワイルダー・ビデァア ジャヤサンカー・サフィア ジャスマニ・筒井直昭・Nguyen Thanh Phuong（2002a）エビ類の成熟度判定技術の開発. 国際農業研究成果情報 No.10

マーシー ワイルダー・Nguyen Thanh Phuong・TraThi Thanh Hien・Ngoc Tran Hai・Do Thi Thanh Huong（2002b）ベトナム・メコンデルタにおけるオニテナガエビの稚エビ培養技術の確立と技術移転. 国際農業研究成果情報 No.10

浜野かおる・筒井功・Prapansak Srisapoome（2005）ウシエビと海ぶどうの複合養殖. 国際農業研究成果情報 2005

藤岡義三・下田徹・Chumpol Srithong（2005）生態系機能を利用した持続可能な循環型養殖システムモデ. 国際農業研究成果情報 2005

下田徹・Chumpol Srithong・Chittima Aryuthaka（2003）マングローブ汽水域の浄化機能の解明. 国際農業研究成果情報 2003

大迫典久（2001）養殖エビで発生しているウイルス病の単クローン抗体を用いる診断. 国際農業研究成果情報 No.9

前野幸男、Leobert de la Pena、Erlinda R. Cruz-Lacierda（2002）フィリピンにおける養殖ハタ大量死はウイルス性神経壊死症に因る. 国際農業研究成果情報 No.10

尾形博・A.C.Emata・E.S.Garibay・古板悔文・V.C.Chong（2004）熱帯性・亜熱帯性魚類の必須脂肪酸組成の特性. 国際農業研究成果情報 No.11

尾形博・Ashrah Suloma・Kashfia Ahmed・Denny R.Chavez・Esteban S. Garibay・古板博文・Ving-Ching Chong（2005）アラキドン酸による熱帯性魚類の種苗生産技術の改善. 国際農業研究成果情報 2005

横山雅仁・陳舜勝（2001）中国産淡水魚類筋肉の鮮度変化の特徴. 国際農業研究成果情報 No.9

Marcy Nicole Wilder・大平剛・筒井直昭・川添一郎（2006）バナメイエビの成熟抑制ホルモンの発見. 国際農業研究成果情報 2006

伊藤 明・Oulaytham Lasasimma・Pany Souliyamath（2008）初期生活史特性に基づくラオス在来テナガエビ *Macrobrachium yui* の種苗生産技術. 国際農業研究成果情報 2008

マーシー ワイルダー・奥津智之・姜奉廷・松田圭史・サフィア ジャスマニー・ビディア ジャヤサンカー・奥村卓二・三上恒生・野原節雄・野村武史・福﨑竜生・慶田幸一（2008）安全な国産エビ（バナメイ）の生産技術のシステム化. 国際農業研究成果情報 2008

奥津智之・進士淳平・野原節雄・野村武史・前野幸男・マーシー ワイルダー（2010）屋内型エビ生産システムで飼育されたバナメイエビのおいしさ. 国際農業研究成果情報 2010

浜野かおる・筒井功・Prapansak Srisapoome・Dusit Aue-umneoy（2007）低投資・環境共生型ウシエビ・海藻混合養殖技術の開発. 国際農業研究成果情報

2007

浜野かおる・筒井功・Prapansak Srisapoome・Dusit Aue-umneoy（2009）海藻ジュズモ属の一種との混合飼育下でのウシエビの成長促進. 国際農業研究成果情報 2009

森岡伸介・Bounsong Vongvichith・Latsamy Phounvisouk（2008）ラオスにおける淡水在来魚キノボリウオ亜科 2 種の集約的種苗生産. 国際農業研究成果情報 2008

森岡伸介・緒方悠香・佐野幸輔・Bounsong Vongvichith・枝浩樹・黒倉壽・Thongkhoun Khonglaliane（2010）養殖対象として有望なラオス在来コイ科魚類 *Hypsibarbus malcolmi* の種苗生産および成長. 国際農業研究成果情報 2010

矢野豊・里見正隆・浜野かおる・筒井功・D. Aue-umneoy（2010）東南アジアの集約的養殖汽水エビから薬剤耐性菌を検出. 国際農業研究成果情報 2010

伊藤明・花村幸生・井口恵一朗・大森浩二 A. Koun Thong Bang・O. Lasasimma・P. Souliyamath（2011）ラオスにおけるテナガエビの生活史特性に基づいた資源管理手法. 国際農業研究成果情報 2011

今井秀行・伊藤明・A.Koun Thong Bang・O. Lasasimma・P. Souliyamath（2012）ラオスにおける在来テナガエビ *Macrobrachium yui* の遺伝的多様性. 国際農業研究成果情報 2012

山本敏博・森岡伸介・花村幸生・Alias bin Man・Chee Phaik Ean・Ryon Siow（2011）熱帯汽水域の最重要養殖魚チャイロマルハタ幼魚の資源評価および漁獲管理. 国際農業研究成果情報 2011

森岡伸介・小出水規行・Bounsong Vongvichith（2014）生態的特性に基づく小河川での小型コイ科魚類個体群の保全管理. 国際農業研究成果情報 2014

森岡伸介・小出水規行・Bounsong Vongvichith（2013）ラオス産小型魚類 2 種の DNA マーカーによる遺伝的多様性・集団構造評価. 国際農業研究成果情報 2013

中村 達、森岡伸介（2015）ラオスの養魚餌料として有望なアメリカミズアブの周年採卵技術. 国際農業研究成果情報 2015

丸井淳一朗・Sayvisene Boulom・Wanchai Panthavee・Gassinee Trakoontivakorn・Plernchai Tangkanakul・楠本憲一（2014）タイ、ラオスの淡水魚発酵調味料の品質に影響する塩分濃度と発酵期間の重要性. 国際農業研究成果情報 2014

田中勝久・渡部諭史・花村幸生・児玉真史・市川忠史・Alias Man・V-C. Chong（2011）広大なマングローブ域は回遊する有用魚類幼魚の餌場として重要な役割を果たしている. 国際農業研究成果情報 2011

筒井功・Dusit Aue-umneoy（2015）タイ産の高い塩分耐性を持つ新規ジュズモ属緑藻によるウシエビの生産性向上. 国際農業研究成果情報 2015

渡部諭史・J. M. Zarate・J. G. Sumbing・Ma. J. H. Lebata-Ramos・M. F. Nievales・H. Lebata-Ramos・M. F. Nievales（2011）ハネジナマコの飼育管理のためのサイズ測定と栄養状態評価手法. 国際農業研究成果情報 2011

渡部諭史・Z. G. A. Orozco・J. G. Sumbing・Ma. J. H. Lebata-Ramos（2013）ハネジナマコの動物性および植物性餌料の特性. 国際農業研究成果情報 2013

圦本達也・Faizul Mohd Kassim・伏屋玲子・Alias Bin Man（2014）マレーシアにおけるハイガイ養殖の生産阻害要因. 国際農業研究成果情報 2014

圦本達也・Mohd Nor Azman Bin Ayub・高田義宣・児玉正昭・松岡數充（2012）マレーシア半島セランゴール沿岸における麻痺性貝毒原因プランクトンの発見. 国際農業研究成果情報 2012

筒井功・浜野かおる・D. Aue-umneoy (2016) ウシエビのイエローヘッドウイルス (YHV) は共食いにより感染拡大する. 国際農業研究成果情報 2016

筒井功・Aue-umneoy D (2020) ウシエビ養殖初期に糸状緑藻と微小巻貝を摂餌させることで収益性が向上する. 国際農業研究成果情報 2020

Kang BJ・Wilder MN（2019）RNA 干渉法によるバナメイエビ卵黄形成抑制ホルモン遺伝子の発現抑制. 国際農業研究成果情報 2019

奥津智之・森岡伸介・伊藤明・濵田康治・Chanthasone, P.・Kounthongbang, A.・Phommachan, P.・Lasassima, O.（2017）ラオス在来テナガエビ *Macrobrachium yui* の浮遊幼生飼育技術の開発. 国際農業研究成果情報 2017

森岡伸介、川村健介、Vongvichith B（2018）キノボリウオの水田養魚は種苗の低密度放流により無給餌でも成立する．国際農業研究成果情報 2018

森岡伸介・Vongvichith B（2019）アメリカミズアブ幼虫はキノボリウオの飼料タンパク質源として有効である．国際農業研究成果情報 2019

森岡伸介・B. Vongvichith（2016）ラオスの重要な食用魚パ・コーの生態的情報に基づく資源保全管理．国際農業研究成果情報 2016

森岡伸介・丸井淳一朗（2019）ラオスの重要な食用魚パケオの資源保全に資する生態的情報．国際農業研究成果情報 2019

丸井淳一朗・Phouphasouk S・Boulom S（2020）ラオス淡水魚発酵調味料のヒスタミン生成は仕込み時の塩分調整で抑制できる．国際農業研究成果情報 2020

齊藤肇・Teoh Hong Wooi（2020）ハイガイ養殖漁場管理のための簡便な生物指標の開発．国際農業研究成果情報 2020

杉田毅・Gavile AB・Sumbing（2019）家禽加工残渣の活用によるミルクフィッシュ用魚粉削減飼料の開発．国際農業研究成果情報 2019

児玉真史・Diamante RA・Salayo ND・Castel RJG・Sumbing JG（2021）フィリピンにおける養殖ミルクフィッシュの成長と肥満度は水温で予測できる．国際農業研究成果情報 2021

奥津智之・Rakbanjong N・Chotigeat W・Wonglapsuwan M・Songnui A（2021）生殖細胞凍結保存技術によりクルマエビ類の遺伝的多様性保全を図る．国際農業研究成果情報 2021

森岡伸介 編著 (2021) ラオス在来魚類研究〜在来種の養殖適用と資源保全．農林統計協会

コラム　岡山県日生町の経験と水産協力
〜アマモと牡蠣の里海から〜

Experiences and fisheries cooperation in Hinase town, Okayama
Prefecture : Satoumi with eelgrass and oyster beds

田中　丈裕
Takehiro Tanaka

　我が国におけるアマモ場研究は、1922 〜 1925 年 (大正 11 〜 14 年) に岡山県水産試験場により実施された藻場魚類生育状況調査に始まるといわれる（柏木 1985）。アマモ場の役割・機能については多くの論文があるが、①魚介類の産卵場、②魚介類幼稚仔の保育場、③多様な餌生物の供給、④懸濁粒子や沈降物の捕捉分解による物質循環の促進、⑤漁業資源のストックの場、⑥夏季における水温上昇の抑制、⑦溶存酸素の供給源、⑧栄養塩類の吸収、⑨二酸化炭素の吸収・貯留源、⑩アマモの枯死葉片デトライタスを基点とする食物連鎖による餌料供給などに整理される。近年においては、赤潮・貝毒抑制効果（今井 2017）、温室効果ガス CO_2 を固定するブルーカーボンとしての機能（堀・桑江 2017）などについて新たな知見が得られている（田中ほか 2017）。

　岡山県日生町地先（図 1）には 1950 年代まで約 590ha ものアマモ場があっ

図 1　岡山県備前市日生町の位置

たが、高度経済成長期に入って衰退傾向が続き、1980 年代には約 12ha（図 2）、さらには 5ha にまで激減した。

　そこで、立ち上がったのが日生のつぼ網（小型定置網）漁業者で、1985 年に漁協青年部の有志 4 名と筆者らを含

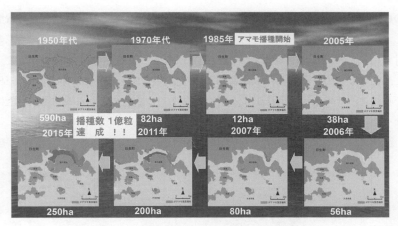

図2　日生町地先におけるアマモ場の推移

め総勢 26 名で僅かに残ったアマモ場から約 15 万粒のアマモ種子を採取し播いたのが始まりであった。どうすればアマモが繁茂するのかまったく分らないままの暗中模索からのスタートであったが、30 年の歳月をかけて 2015 年春には 250ha 以上にまで回復させた（図2）。

　日生におけるアマモ場再生活動の歩み（田中 2014、2017、2020）は、アマモ場再生技術開発の歴史でもあった。大規模なアマモ場回復に繋がった重要な要素技術は、「アマモ場造成技術指針（社団法人マリノフォーラム 21 2001）」と「カキ殻の有効利用に係るガイドライン（岡山県 2006）」である。アマモの植生に関係する環境要因としては、水温・塩分、地盤高、光束透過量、波・流れ、底質、海底面の動き等があるが、これらは相互に関連して作用し、またその場の環境条件によって支配的に働く要因も異なる。これらについて調査研究を重ね 15 年を費やして完成させたのが「アマモ場造成技術指針（前出）」であり、アマモ場の成立要件として、有義波高 0.5 m 以下、底面流速 0.6 m／s 以下、シールズ数 0.2 以下、純光合成光量の最低値が 0mol quanta/m^{-2}/day^{-1} 以上が目安となることが示されている。日生町地先の場合、大きな制限要因となっていたのは底質環境であった。これを解決してくれたのが、カキ養殖の盛んな日生では容易に入手できるカキ殻であり、底質改良材としては何の加工も施していないカキ殻が最も効果が高い。10 〜 20cm 厚で敷設すると、地下茎

のひげ根がカキ殻に巻き付くことでアマモ草体のアンカー材（錨）として機能し（図3）、底泥の再懸濁を抑え透明度を向上させて光合成を促進し、浮泥の付着による光合成阻害を抑制する役割を果たす。これらの具体的な方法をまとめたのが「カキ殻の有効利用に係るガイドライン（岡山県2006）」であり、これによって廃棄物処理法による規制もクリアして適法なカキ殻利用が可能になった。

　漁業者によるアマモ場再生が約25年を経過した2010年代、その活動が広

図3　日生町地先に回復したアマモ場（船上から）と
カキ殻にひげ根を絡ませたアマモ

く知られて都市部の市民が参加するようになり、地元中学校が海洋学習として取り組み始め、その輪は急速に拡大していった。アマモ場再生活動発祥の地として、全国各地からも頻繁に訪れるようになった。海外からの訪問も増え続け、2010年以降に受け入れた国はフランス、イギリス、スウェーデン(世界海事大学)、アメリカ、メキシコ、マレーシア、タイ、フィリピン、モロッコ、チュニジア、インドネシア、ベトナム、香港、韓国、クウェート、イラン、サウジアラビア、アフリカ諸国など30か国以上に及んでいる。その多くはアマモ場再生技術、里海づくり、海洋教育などをキーワードとした視察研修である。2019年9月には（公財）日本財団の支援を受けて海洋教育研究交流施設「ひなせうみラボ」がオープンした。これから目指すのは海洋学習、海洋体験、海洋研究を3本柱として、里海と里山と都市部をつなぎ、人と物の交流を通じた地域の活性化と循環型地域社会の構築である。漁業者だけでなく、しかし漁

業者が中心となって、地域内外の小中高校や子供達、都市部の住民、里山に暮らす人達、農業関係者など様々な人々が関係価値を見出して高め合い、地域や世代、立場を越えて地域の海を守っている備前市日生の"里海づくり"は、これからの沿岸域管理のあるべき姿のひとつのモデルとなろう。

図4　フランスのアルカッション湾地域視察団（Mios 市長を団長として研究者・カキ養殖漁業者代表など 12 名）との意見交換：「ひなせうみラボ」にて

参考文献

堀正和・桑江朝比呂：ブルーカーボン，浅海における CO2 隔離・貯留とその活用．地人書館，東京，2017

今井一郎：有害有毒プランクトンの発生機構と発生防除に関する研究．日水誌，83(3)，314-324，2017

https://www.jstage.jst.go.jp/article/suisan/83/3/83_WA2409/_article/-char/ja/

柏木正章：我国の藻場研究の現状．三重大学環境科学研究紀要，第 10 号，181-206，1985

岡山県：カキ殻の有効利用に係るガイドライン．2006

社団法人　マリノフォーラム 21 海洋環境保全研究会，浅海域緑化技術開発グループ編：アマモ場造成技術指針．MF21 技術資料，No. 49，2001

田中丈裕：アマモとカキの里海"ひなせ千軒漁師町"（岡山県日生）．日本水産

学会誌，80(1)，72-75，2014

https://doi.org/10.2331/suisan.80.72

田中丈裕：アマモとカキの里海「岡山県日生（ひなせ）」．水環境学会誌，Vol. 40（A），Ｎｏ．11，393 － 397，2017

田中丈裕・古川恵太・桑江朝比呂・今井一郎：第 32 回沿岸環境関連学会連絡協議会ジョイント・シンポジウム「我が国沿岸域におけるアマモ場再生への道〜これまでとこれから〜」．日本水産学会誌，83（6），1042-1053，2017

https://doi.org/10.2331/suisan.WA2466

田中丈裕：里海と里山と "まち" をつなぐ〜里海からの発信〜．沿岸域学会誌，第 33 巻，第 3 号，13-24，2020

第 5 章　漁業開発への協力：西アフリカの事例
Fisheries cooperation in West Africa

佐藤　正志
Masashi Sato

1　はじめに

(1)　西アフリカの定義

　広大なアフリカ大陸を語るとき、一般的にはある程度の広がりを持った東西南北および中部の5地域に分けられることが多いが、その定義は明確に決まっているわけではない。本章ではまず、本稿で言うところの「西アフリカ」を定義したい。

　西アフリカには西アフリカ諸国経済共同体（英語名：ECOWAS[1)]、仏語名：CEDEAO[2)]）という経済圏がある。現在の加盟国は、ベナン、ブルキナファソ、カーボベルデ、ガンビア、ガーナ、ギニア、ギニアビサウ、コートジボワール、リベリア、マリ、ニジェール、ナイジェリア、セネガル、シェラレオネ、トーゴの 15 ヵ国である（図 5-1 参照）。一般的に西アフリカと言った場合、これら 15 ヵ国を指すことが多いが、水産業の重要性を鑑みれば、ここにモーリタニアを加えることもある。実際、地域漁業機関である西アフリカ漁業委員会（CSRP[3)]）にはモーリタニアが含まれる。また、内陸国のマリとニジェールは水産的にあまり重要ではないため、本稿では対象から除外する。

(2)　社会経済

　アフリカ大陸全土が 16 世紀から 20 世紀にかけてヨーロッパ諸国の植民地支配を受けてきたことは周知の通りであり、西アフリカも例外ではな

---

1)　Economic Community of West African State

2)　Communauté Économique des États de l'Afrique de l'Ouest

3)　Commission sous-régionale des pêches

86

い。分割統治されてきた当地域の旧宗主国はフランス（8 カ国を統治）、イギリス（5 カ国）およびポルトガル（2 カ国）である。西アフリカ諸国は独立を成し遂げた後も、旧宗主国の言語を使い、社会制度を踏襲し、経済的にも強い繋がりを持っている。

　宗教的にはイスラム教とキリスト教が大部分を占める。イスラム教は交易を通じて北部からサハラ砂漠を越えて南に広がってきた歴史があるため、西アフリカでも北部地域に多い。他方、キリスト教は旧宗主国が船で持ち込んだため南部に多い。両宗教の明確な境界線があるわけではないが、イスラム教徒が多いのはモーリタニアからギニアまで、リベリアから東はキリスト教徒が多い。

　国内経済は、国によって地下資源に恵まれているところもあるが（ナイジェリアの石油やギニアのボーキサイトなど）、依然として農業が基幹産業であり、製造業はまだ少ない。アフリカは地上に残された最後のフロンティアとか、

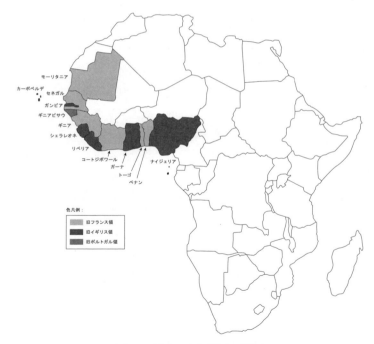

図 5-1 西アフリカ諸国の地図

21 世紀はアフリカの時代などともてはやされているが、労働者の質や社会資本の整備状況などまだ足りない部分が多い。

2　西アフリカの漁業事情

(1) 海洋環境

　アフリカ大陸の西岸には北からカナリア海流が南下し、冬季はその一部がギニア湾流としてそのまま東進する。夏季は、西から東へ大西洋を横切って来る赤道反流が大陸西岸に到達し、一部は北上して南下するカナリア海流とぶつかるが、残りは冬季と同様、ギニア湾流として東進する（図 5-2 参照）。カナリア海流が沖合を流れる海域（図中①）では沿岸湧昇流が発生し、好漁場が形成されるほか、カナリア海流と赤道反流がぶつかる海域（図中②）も生産性が高い。また、ギニア湾沿岸の③海域でも時折湧昇流が発生する。これらの海域は

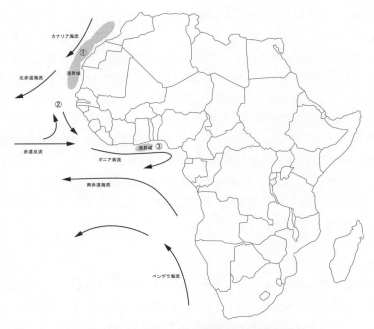

図 5-2 アフリカ大陸西岸の海流図

表 5- 1 西アフリカ諸国の海岸線長、大陸棚面積および漁業生産量

国	海岸線長 (km)	大陸棚面積 (km2)	EEZ 面積 (km2)	漁業生産量 (2020 年)
モーリタニア	754	31,662	165,338	678,425
セネガル	531	23,092	158,861	451,748
カーボベルデ	965	5,591	800,561	19,292
ガンビア	80	5,581	23,112	50,990
ギニアビサウ	350	39,339	123,725	62,392
ギニア	320	44,755	59,426	309,570
シェラレオネ	402	28,625	215,611	200,630
リベリア	579	17,715	249,734	31,629
コートジボワール	515	10,175	176,254	103,411
ガーナ	539	22,502	235,349	356,361
トーゴ	56	1,265	12,045	18,034
ベナン	121	2,721	33,221	73,965
ナイジェリア	853	42,285	217,313	783,102

注：漁業生産量は海面・内水面の漁獲漁業生産量（出典：FAO）

それぞれ、①がモロッコ～セネガル海域、②がセネガル沖海域、③がガーナ沖海域に相当する。

　西アフリカ諸国の海岸線長、大陸棚面積、EEZ 面積および漁業生産量を表5-1 に示す。島嶼国のカーボベルデを除けば、海岸線が 500 km を超えるのはモーリタニア、セネガル、リベリア、コートジボワール、ガーナ、ナイジェリアの 6 カ国、大陸棚面積が 2 万 km2 を超えるのはモーリタニア、セネガル、ギニアビサウ、ギニア、シェラレオネ、ガーナ、ナイジェリアの 7 カ国である。両方の指標で名前が上がるのはモーリタニア、セネガル、ガーナ、ナイジェリアの 4 カ国であり、これらの国々は漁場となる海面が広く、加えて先に述べた湧昇流などの高い生産性をもたらす現象が発生する国々であり、結果的に漁業生産量が多い「漁業国」となっている。

（2）漁業文化

　海洋環境や漁場環境に恵まれれば漁業国になるわけでもない。そこには海を恐れず沖に乗り出し魚を獲ろうとする人々の精神や文化も大きく関与する。西アフリカ一帯における沿岸漁業のパイオニアはセネガルおよびガーナと言われている。セネガルでは、セネガル川河口に古くからある町、サンルイの一角に

あるゲンダール地区がプロフェッショナルな漁師を輩出する土地として知られている。ゲンダール漁師はセネガル国内だけでなく、北はモーリタニア、南はギニアくらいまで進出している。同様に、ガーナ人漁師も東はトーゴ、ベナン、ナイジェリア、西はコートジボワール、シェラレオネまで進出し、漁業を広めていった。

3　西アフリカ諸国に対する我が国の漁業協力

(1) 対象国と日本との関係

　先に述べたように、西アフリカ海域は生産性の高い好漁場として知られていたため、1970 年代より日本の水産会社が各地に拠点を構えた。我が国の漁業協力はこれら「日の丸漁業」を支援する一環として、それを受け入れる国に対して行われてきた。しかし、200 海里以降、徐々に日本企業が撤退する中で支援の大義名分が変わってゆき、今は、我が国マグロ漁船の入漁を認めてくれる国、IWC[4] や CITES[5] などの国際場裏で我が国と共同歩調をとる国を支援するようになっている。結果的に、我が国の水産外交にとって重要な国には手厚い漁業協力が、そうでない国には協力があまり行われていないのが現状である。

(2) 協力内容の変遷

　我が国の漁業協力は 1970 年代に始まったが、本稿では JICA の協力が本格化する 80 年代から 2010 年代までの案件について情報を整理し、巻末に添付した。我が国漁業協力の内容はその時々の各国の開発ニーズに合わせて変わっており、大きく①漁獲量増大期、②流通インフラ整備期、③資源管理などの持続的漁業推進期、④バリューチェーン開発や養殖など漁獲増の限界を補う活動期の 4 つに分かれる。これらは全ての国で同時並行的に進んだわけではなく、国によって大きく異なる。以下に、4 フェーズの概要を説明する。また、援助機関である JICA が現地で行う協力スキームには大きく、①機材供与やインフラ整備を行う無償資金協力事業、②専門家を派遣して開発計画を立てる開発調

---

4)　IWC: International Whaling Commission（国際捕鯨委員会）

5)　Contention on International Trade in Endangered Species of Wild Fauna and Flora（絶滅のおそれのある野生動植物の種の国際取引に関する条約）

査、技術指導を行う技術協力プロジェクト（技プロ）および個別専門家派遣（長期・短期）があるので、この点も踏まえて協力内容を説明する。

①漁獲量増大期

　1980年代以前の西アフリカ諸国の漁業は木造無動力カヌー全盛時代であったが、各国が抱える人口増大とそれに伴う食料需要増加に応えるためにも、漁業生産量増大が大目標であった。そこでとられた開発の方向性はカヌーの動力化である。最も成功したのはセネガルであっただろう。無償資金協力のスキームを利用して千台オーダーの船外機を供与した。我が国の協力が他国と比べて秀逸であったのはただ単に船外機を供与するだけでなく、専門家派遣を組み合わせて船外機をメンテナンスする技術者を育てたこと、我が国船外機メーカーによる部品供給網の整備を支援したことである。これにより各国のカヌーが少しずつ動力化され、操業海域の拡大や操業効率が向上したことで漁獲量が大きく増加した。しかし、漁獲量増大を目標とする協力は、世界的に資源量いっぱいまで漁獲が到達しつつあるとの認識のもと、現在ではほとんど行われていない。

②流通インフラ整備期

　漁獲された魚を消費者に届けるには流通インフラが必要である。それまでは水揚げ浜にある簡易で不衛生な建屋に水揚げされていた。適切な場所がなく砂浜の上にビニールシートを敷いて炎天下で取引されるケースも珍しくなかった。氷を使う習慣がなく、使いたくても氷が手に入らなかった。このような状況にあって我が国が支援したのは主に、製氷や冷蔵設備を備えた衛生的な水揚げ施設や魚市場の建設であり、主に無償資金協力スキームで実施された。このフェーズは1990年代の終わりから増え、現在も各国で継続的に実施されている。

③資源管理などの持続的漁業推進期

　このフェーズは2000年代前半から始まった。それまでの漁獲増一辺倒ではなく、資源を管理しながら持続的に漁業を行うべきという世界的な流れに沿うものである。また、この頃から西アフリカでもギニアあたりを境に北部（大陸西岸）と東部（ギニア湾岸）で協力分野が分かれて行った。前者は漁場に恵まれ漁獲量が多く漁業が盛んな国々であるため、協力分野は引き続き漁業であったが、後者はもともと漁業が前者と比べて盛んでない地域であるため、養殖分

野への協力に移行した。

このフェーズの協力は大きく、無償資金協力による漁業調査船の供与と、技プロによる資源調査および共同資源管理の促進に分かれる。これら異なるスキームの協力が連携し今日まで実施されているのはセネガルだけであり、詳細は以降で説明する。

④バリューチェーン開発や養殖など漁獲増の限界を補う活動期

このフェーズは 2010 年代半ばから始まった。養殖については③で述べたように、巻末のリストには掲載するが、内容は本稿では説明しない。バリューチェーン開発が開発援助の世界で言われ出した時期に呼応するように始まった。資源が満限まで利用された状況下で今以上の漁獲増による収入向上は難しいため、今ある資源の付加価値化をその方向性とすべきとの議論に基づく。西アフリカ地域での実績はセネガルだけであり、この協力内容については以降で詳述する。

このように、我が国の漁業協力も世界的な開発協力の大きな流れの中で、現地の開発ニーズの変化を踏まえて、その時々の最適な案件を選択してきたと言える。

4　代表的な協力例

はじめにお断りしておくが、筆者が OAFIC 株式会社という水産開発コンサルティング企業に所属している関係で、以下に紹介する案件は、正確な情報を容易に集めることができる自社実施案件の中から選定している。(3) と (4) は案件数が限られているため恣意的な選定という懸念は少ないが、数多く実施されている (1) と (2) については、「代表的な」と言い切れない可能性があること、また、どうしても実施件数が多い国に偏りがちであることをご理解いただきたい。

(1) 漁獲量増大期 (無償資金協力、資機材供与)

本節では 1985 年に無償資金協力で実施された「ギニア国小規模漁業振興計画」を紹介する。同案件は現地漁船の動力化を促進するため、船外機 (450 台)、同スペアパーツ、漁具を供与し、あわせて船外機メンテナンスの拠点となる「ブ

92

スラ漁船動力化センター」をプレハブ工法で整備した。案件の範疇外ではあるが、JICAの長期派遣専門家（船外機保守整備）を派遣し、現地メカニックを養成したほか、同専門家のカウンターパート研修としてセンターの技術者を本邦研修に参加させ、メーカーで研修を受けさせるなど、技術者の底上げを図った。

(2) 流通インフラ整備期（無償資金協力）

　西アフリカの水産流通インフラ案件の代表例は「セネガル国ダカール中央卸売市場建設計画」であり、多くの水産援助関係者が訪れ地域的にも広く知られている。同案件は1988年に基本設計調査が実施され1990年に竣工した。セネガルは漁業生産国であると同時に、年間一人当たり26kg（当時）を消費する水産物消費大国でもある。それまでは漁村から消費地の小さな公設市場（小売）へという狭いエリアの短い流通経路であったが、漁獲量増

写真5-1　ダカール中央卸売市場

大期の支援で急激に増えた漁獲物を捌くには一旦消費地卸売市場に集め、そこから市内小売市場や地方都市に分配する流通システムが必要になるとの判断に基づき、当時としてはダカールのかなり郊外の土地に総床面積約5,500 m2の卸売市場を建設した。産地・消費地小売という流通経路しかなかった当時にあっては、産地・消費地卸売、消費地小売という三段階の流通は画期的であり、増大するダカール市の人口と水産物需要に応える時代を先取りした計画は後に高く評価される。

(3) 資源管理などの持続的漁業推進期（技術協力）

　この分野の協力案件は多くない。先に述べたように、資源調査と資源管理がセットになって実施されたのは「セネガル国漁業資源評価管理計画調査」だけである。同案件は、年間漁業生産量が40万トンに達した頃から過剰漁獲による資源の疲弊や漁獲量の減少傾向が見られたセネガルにおいて、科学的な手法

による資源評価とコミュニティー
ベースの共同資源管理を実施した
ものである。資源評価では、我が
国無償資金協力で供与された漁業
調査船 ITAF DEM 号を用いた底曳
トロールによる掃海面積法で水産
資源の現存量を算定する調査と商
業的に重要な 7 魚種のコホート

写真 5-2　マダコ産卵礁設置セレモニー

解析を実施した。共同資源管理は JICA ではアフリカ初となる試みで、漁民に
よる漁獲物共同出荷（今で言えば 6 次産業化）を通じて流通マージンを生産
者に留め、それを原資に禁漁による収入減を補填して漁民の資源管理参加意欲
を引き出す手法に成功した。その他にも、素焼きのツボをマダコの産卵礁とし
て海中に投入する、卵胎生巻貝の稚貝を放流するなど、資源増殖にかかる活動
を組み合わせ、漁民や行政の資源管理意識を高めるなどの活動を展開した。こ
の時の経験は後継案件「漁民リーダー・零細漁業組織強化プロジェクト（通称
「COGEPAS」）に引き継がれ、一村から始まったマダコの禁漁は県レベル、さ
らに全国レベルにまで拡大した。セネガルの共同資源管理の経験は現在実施中
の「広域水産資源共同管理能力強化プロジェクト（通称「COPAO」）」を通じ
て近隣 7 カ国への広域普及が図られている。

（4）バリューチェーン開発期（技術協力）

　上記（3）で述べたように、セネガルで COGEPAS を通じた沿岸零細漁民を
対象とする、漁具・漁法、漁期ならびに漁獲対象生物の生態といった側面か
らの資源管理活動を推進したが、漁獲物を購入する水産会社を巻き込むこと
でより有効な資源管理が期待できることに対する「気付き」があり、漁獲物の
マーケット・サイドに着目したバリューチェーン開発が必要であるとの結論に
至った。本プロジェクトは、セネガル国の水産資源共同管理を促進する観点か
ら、13 漁村より構成されるンブール県をセネガルにおける共同資源管理の先
進モデル地域とし、同県において水産資源の共同管理の促進に資する水産物の
バリューチェーン開発にかかるマスタープラン / アクションプランを策定した。

94

その過程で、4つのパイロットプロジェクト、①欧州および国内高級鮮魚市場のバリューチェーン開発、②日本マダコ市場のバリューチェーン開発、③EU認証水揚げ施設整備、④セネガル独自ラベル制度創設（ブランディング）を実施し、提案

写真 5-3　東京シーフードショーの出展ブース

項目の妥当性を検証すると同時に、C/P（カウンターパート）などステークホルダーの能力強化を図った。特に、②日本のマダコ市場向けのバリューチェーン開発では、東京および大阪で毎年開催される国際シーフードショーにセネガルブースを出展し、潜在的なバイヤーに直接セネガル産マダコをアピール、最終的に日本へ冷凍マダコ100トンの輸出につなげた。この過程でセネガル側バリューチェーン上のマダコ漁師、仲買人、（輸出）水産会社の連帯を高め、付加価値化を図り、もって資源管理活動を促進した。

(5) 専門家派遣と本邦研修

　西アフリカ諸国の中でも特に重要な国には常駐型の長期専門家が派遣されている。長い歴史を誇るのはセネガルであり、途中何度か人員交代や空席期間がありつつも現在まで続いている。西アフリカではコートジボワールでも2013年から長期専門家が常駐する。しかし、常駐型では専門家人材確保の問題もあり、かつては派遣されていたモーリタニアやギニアは数次短期派遣型に変わっている。専門家は先方政府とJICA・大使館・水産庁との橋渡し役であり、案件の形成や円滑実施において重要な役割を果たしている。

　JICAの技術協力には本邦研修スキームもあり、親日派を作る上で重要な役割を担っている。本邦研修には課題別研修という集団研修があり、与えられたテーマに沿って作られた研修プログラムに域内の同じ言語圏から10人程度が参加し、1~2ヶ月間日本で研修を受ける。実質的な研修実施機関はJICA横浜センターである。

5　日本の協力方法の優位性

　西アフリカ地域で仕事をしていると、同分野の他ドナー案件関係者と意見を交えることがあり、その際、日本と欧米ドナーの協力方法の違いが話題となる。技術協力案件における両者の決定的な違いは、前者は、C/P と協働しつつも基本的に日本人専門家によって案件がマネジメントされるが、後者は、最初から現地政府によるマネジメントである点にある。それぞれメリット・デメリットが指摘されている。例えば前者の場合、技術、人的資源、必要資機材・設備などを効果的に投入し成果を出す反面、案件終了後の持続性に不安が無いわけではない。他方、後者では技術レベルや予算執行の自由度が低いため、残念ながら成果が出ているとは言えない。最初から現地側がマネジメントしていれば持続性が高いかと言われるとそうでもなく、所詮ドナーからの資金提供が終われば活動も終わるのが現実である。その意味において、諸々議論はあるものの、日本の協力方法の方が相手国の役に立っていると言える。また、日本人専門家は積極的に現場に出て漁業者や仲買人などのステークホルダーと交わり、生の情報を入手しようとするが、欧米ドナー系の専門家はあまり現場に出ずドキュメントレビューに多くの時間を費やすため、報告書は立派だが内容が伴っていないケースも多い。

6　予期せぬトラブル

　西アフリカには政治的に安定しない国々が多いのは紛れもない事実であり、それによって協力案件が中断されることもある。筆者はあまりトラブルに巻き込まれたことはないが、本稿で論じてきた国々の中でもクーデターや政治的擾乱などが時々発生している。ギニアでは 2021 年 9 月にクーデターが発生し、今も軍事政権である。コートジボワールは 1999 年 12 月にクーデターが発生し、そこから悲惨な内戦が約 10 年間続くという暗い過去を持つ。このような不測の事態が発生すると、日本人専門家は安全上の理由から撤退することになり、手掛けてきた協力案件が一時中断ということになる。日本人専門家の撤退は保健衛生上の問題でも発生する。ギニアでは 2014~15 年にかけてエボラ出血熱が流行した時に、また最近では、これは西アフリカに限ったことではないが、新型コロナウイルスのパンデミックにより日本人は一時的に任国を離れた。

7　最後に

　西アフリカ地域は今までの経緯から、世界で最も我が国水産開発案件が多い地域の一つであり、当該諸国の日本に対する期待度は高い。引き続きその期待に応え、我が国と西アフリカ諸国の親善友好に貢献することが大切である。幸いなことに昨今は、一つひとつの案件規模は小さくなっても案件の数が多くなる傾向にある。若手が現場経験を積む機会を確保しつつ世代交代を図り、今後とも長い期間にわたって質の高い漁業協力を実施できるよう、我々専門家やコンサルタントは日々学習し経験を積んでいくことが肝要である。

8　参考文献

野生生物資源・海産資源の持続的利用データベース、令和3年、一般社団法人マリノフォーラム21

国別漁業情報ハンドブック、平成13年3月、財団法人海外漁業協力財団

Guide des ressources halieutiques du Sénégal et de la Gambie, 1988, FAO

Field guide to the commercial marine resources of the Gulf of Guinea, 1990, FAO

La pêche côtière en Guinée : ressources et exploitation, 1999, CNSHB et IRD

ギニア人民革命共和国小規模漁業振興計画基本設計調査報告書、昭和58年、国際協力事業団

セネガル共和国ダカール中央卸売魚市場建設計画基本設計調査報告書、平成元年、国際協力事業団

セネガル共和国漁業資源評価・管理計画調査最終報告書、平成18年、国際協力機構

セネガル共和国バリューチェーン開発による水産資源共同管理促進計画策定プロジェクトファイナルレポート、平成29年、国際協力機構

西アフリカ諸国における我が国漁業開発案件の実施状況

国	スキーム	1980 年代	1990 年代	2000 年代	2010 年代
モーリタニア	無償	➡	➡➡➡ ➡	➡ ➡➡	➡ ➡
	技協		➡	➡	➡
セネガル	無償	➡➡	➡➡ ➡	➡➡ ➡➡➡	
	技協	➡			
カーボベルデ	無償		➡ ➡	➡ ➡	
ガンビア	無償	➡	➡	➡	
	技協				
ギニアビサウ	無償		➡ ➡	➡	
	技協		➡		➡
ギニア	無償	➡ ➡	➡	➡	➡
	技協		➡	➡	➡
シェラレオネ	無償		➡		
リベリア	無償 / 技協				
コートジボワール	無償		➡ ➡		➡
	技協				➡
ガーナ	無償		➡ ➡		➡
	技協		➡		
トーゴ	無償				➡
ベナン	無償		➡ ➡	➡ ➡	
	技協			➡	➡ ➡
ナイジェリア	無償	➡ ➡	➡		
	技協		➡		

案件名

国名	スキーム		案 件 名
モーリタニア	無償	機材	①漁業振興計画
			②沿岸漁業振興計画（フェーズ1）
			③沿岸漁業振興計画（フェーズ2）
		インフラ	①ヌアクショット魚市場建設計画
			②零細漁村開発計画
			③ヌアディブ漁港拡張計画
			④ヌアクショット水産物衛生管理施設整備計画
			⑤ヌアディブ漁港拡張整備計画
			⑥水産物衛生検査公社建設計画ヌアディブ検査所再建計画
		研究訓練	水産調査船建造計画
	技協		長期専門家
			水産資源管理開発計画調査
セネガル	無償	機材	①沿岸漁業振興計画
			②零細漁業振興計画
		インフラ	①零細漁業振興計画
			②ダカール中央卸売市場建設計画
			③零細漁業振興計画
			④ダカール中央卸売市場拡充計画
			⑤カヤール水産センター建設計画
			⑥カオラック中央魚市場建設計画
			⑦ロンプール水産センター建設計画
		研究訓練	①漁業海洋調査船建造計画
			②漁業調査船建造計画
	技協		長期専門家（途中不在期間あり）
			①北部漁業地区振興計画調査
			②漁業資源評価管理計画調査
			③漁民リーダー育成・零細漁業組織強化プロジェクト（COGEPAS）
			④バリューチェーン開発による水産資源管理促進計画策定プロジェクト（PROCOVAL）

カーボベルデ	無償	機材	零細漁業総合開発計画
		インフラ	①零細漁業開発計画
			②ミンデロ漁港建設計画
			③プライア漁港建設計画
			④ミンデロ漁港施設拡張計画
ガンビア	無償	機材	①漁業振興計画
			②沿岸漁業開発計画
		インフラ	①沿岸零細漁業改善計画
			②沿岸零細漁業改善計画
			③水産物流通施設整備計画
			④南コンボ地区水産振興計画
			⑤ブリカマ魚市場建設計画
	技協		長期専門家
ギニアビサウ	無償	機材	①小規模漁業振興計画
			②第二次小規模漁業振興計画
		インフラ	トンバリ州カシーン村零細漁業施設建設計画
	技協		長期専門家
		技プロ	水産施設運営流通促進プロジェクト
ギニア	無償	機材	①小規模漁業振興計画
			②小規模漁業振興計画
			③第三次小規模漁業振興計画
		インフラ	①第四次小規模漁業振興計画
			②コナクリ市ケニアン魚市場建設計画
			③カポロ漁港整備計画
			漁業調査船建造計画
	技協		長期専門家（船外機保守）
			長期専門家（水産行政）
		開発調査	零細漁業開発調査
シェラレオネ	無償	機材	小規模漁業振興計画

コートジボワール	無償	インフラ	①漁業振興計画
			②サンペドロ漁港改修計画
			③ササンドラ市商業ゾーン開発のための水産施設整備および中央市場建設計画
	技協		長期専門家（水産行政）
			内水面養殖再興計画調査（PREPICO）
ガーナ	無償	インフラ	①テマ外漁港改修計画
			②セコンディ漁港建設計画
			③セコンディ水産業振興計画
	技協		水産資源調査
トーゴ	無償	インフラ	ロメ漁港整備計画
ベナン	無償	機材	①漁業振興計画
			②漁業用機材整備計画（フェーズ2）
		インフラ	コトヌ漁港整備計画
	技協		長期専門家（船外機保守）
			長期専門家（水産行政）
		開発調査	①内水面養殖振興による村落開発計画調査
			②内水面養殖普及プロジェクト（PROVAC）
			③内水面養殖普及プロジェクト（PROVAC）フェーズ2
ナイジェリア	無償	研究訓練	①カツオ一本釣り漁業調査訓練船計画
			②海洋調査研究所施設改善計画
			③連邦漁業専門学校施設改善計画
	技協		長期専門家（水産行政）

コラム　ヤマハ発動機のブルーエコノミー
Yamaha Motor's blue economy

渡邊　基記
Motoki Watanabe

　ヤマハ発動機は 1955 年に日本楽器製造株式会社（現ヤマハ株式会社）の二輪部門が分離・独立した輸送機器メーカーである。創業間もなくマリン事業に参入し、ボートや船外機では世界に知られるブランドである。開発途上国への参入は古く、70 年代から ODA に参画し、中南米やアフリカへの自社商品の紹介・導入を進め、その後それらの保守や部品供給から自社商品の販売・サービスネットワークの布石を行ってきた歴史がある。

　ハードだけでなくソフトによる零細漁業振興にも力を注いできた。そのひとつに、日本の漁法や漁獲物の一次加工などを写真や図解入りで紹介する Fishery Journal（1977 ～ 1995 年）[1] が有る。シリーズの発刊で、開発途上国の政策決定機関や国際機関、本邦関係先へ配布し、広く活用された。また、ODA で供与された日本の優れた漁船や和船（コンパクトでも作業性、走行性能、安全性などのバランスに優れ、汎用性が高い）を普及すべく、中南米、アフリカ、中東、南太平洋などで、現地ボート工場の立ち上げを支援、製造技術移転を行ってきた。その大半は現在も稼働しており、

Fishery Journal（1977~1995 年）

造船技術支援（モータリア）

1）https://global.yamaha-motor.com/business/omdo/solutions/fishery/

船外機サービスキャンペーン
（セネガル）

地域の零細漁業や海上交通、および雇用創出に寄与している。船外機については、サービスキャンペーンと称する巡回点検イベントを各地で展開し、現地パートナー企業の職員やローカルのプライベートメカニックを育成しながら、同時に自社製品の品質・機能向上に努めてきた。半世紀前は世界のマリンエンジンの主流は欧米製のプレジャーベース機であったが、現在開発途上国のほとんどのハードユース市場で当社ブランド（エンデューロシリーズ、粗悪燃料を含めた過酷な使用環境に耐えられるように設計）が好んで使用されている所以である。さて、ここまでは筆者の先達が築いてきた開発途上国における当社の水産分野の活動第一幕である。

　現在、沿岸漁業を取り巻く環境は、量的拡大から、持続性のある漁業の推進へ大きく変化している。森林資源の面からは、大木を削り出して建造する伝統的な木造カヌーは5年から8年ごとに代替や大掛かりな修復が必要であるが、その入手性に問題が出始めており、価格の高騰で漁業者の懐を圧迫していると聞く。従来から指摘されている木造カヌーの安全性の問題と合わせ、今や、沿岸諸国では、喫緊の課題として、カヌーの近代化＝FRP（ガラス繊維強化プラスチック）船が大きなうねりとなりつつある。

　ここからは西アフリカの事例をあげながら、当社の活動第二幕について言及する。近年西アフリカの沿岸諸国においても伝統的カヌーのFRP化に関する問い合わせが増えている。セネガルもそのひとつで、本邦大使館、JICAの協力を得て当社は2015年に同国漁業海洋経済省と協議を開始、大臣から当社への支援要請も有り、同国の漁船（ピローグ）のFRP化を中心的に推進した。各漁村を訪問・調査する中で、ピローグのFRP化、近代化に対する期待と機運は既に十分高

セネガル船着場

まっていることを確認、製造すべきモデルタイプの検証、漁業者向けファイナンス＆サブシディースキーム、登録制度、船舶安全法整備、等々パッケージで設計・提案する必要性から、JICA の民間連携事業である協力準備調査（BOP ビジネス連携促進）を活用し FS（実現可能性調査）を実施した。2 年間の JICA 事業の後、パートナー企業へ技術支援を行い、2019 年にはパイロットボート工場が竣工、現在政府の支援枠組みのもと、FRP ピローグの現地製造が始まっている。

　セネガルと双璧を成す西アフリカの代表的な漁業大国として、ガーナが挙げられる。彼らは自国だけでなく、国境を越えてギニア湾を精力的かつ広範囲に移動し漁業活動を行っており、彼らの漁業スタイルや使用するカヌーはこれら周辺地域に大きな影響力がある。Fanti、Ewe、Ga と呼ばれる彼らは、魚の取り方を伝播する一方、彼らの伝統的なカヌーは独特な形態で（右後方船側部に船外機を装着）推進効率や安全性の面で問題も多く、近代化を阻む要因となっている。今、そんな彼らにも漁業近代化の波は迫っている。隣国トーゴ（ガーナ型カヌーを使用）では漁船の安全性改善が国の課題として政府が動き出し、JICA へ支援要請が上げられた。2021 年に筆者も短期で、船体構造と船外機の保守管理に関するアドバイザー業務および漁業関係者へのトレーニングに携わっている。

　実は、当社は既に 80 年代に、アフリカの沿岸漁業向けに BLC（Beach Landing Canoe）FRP カヌーシリーズを開発、本邦 ODA の助けも借り、アフリカ十数ヶ国（アフリカ以外にも導入実績有り）に試験導入してきた。そのいくつかは現在も現役で活躍している。残念ながら、当時は時期尚早であったか、セネガルやガーナといった主要な水産国で保守的な漁業者の意識を変えることはできず、広く普及するに至らなかったが（唯一の例外はモーリタニア・ヌアディブのタコツボ用途向けカヌーである）、当時においても、この浜揚げ可能な FRP カヌー船の安定性、安全性は高評価を得ており、いつか日の目を見ることを心待

BLC カヌー型 FRP 船

ちにしていた。その経験が今再び生かされようとしている。

　最後に、これからの期待を込めて西アフリカ国の一つリベリアについて述べたい。日本とは 1961 年にいち早く外交関係を樹立も、長く悲惨な内戦やエボラ出血熱の流行などで、水産分野をはじめ各産業の開発は周辺国に比べて大きく遅れを取っている後発途上国である。NaFAA（リベリア国家漁業養殖局）から FRP 船導入について相談が有り、筆者は 2018 年と 2019 年に同国を訪問、職員とともに代表的な漁村を歩き、合計約 300 隻のカヌーを調査・検測した。同国では漁業に長けた入植ガーナ人漁業者（Fanti）と自国のリベリア漁業者（Kru）

リベリアカヌー調査

が共存しているが、自国漁業者はいまだ手漕ぎのダグアウトカヌーが多く、遅れた状況に驚いた。FRP 船導入の以前に動力化による自国漁業者の基礎体力強化が必要であることを具体的に NaFAA に提案して帰国した。その後、同国から本邦政府に要請が挙げられ、経済社会開発計画にて船外機 600 台および関連機材が供与されている。これら機材を使って如何に発展の道筋を付けていくかはこれからの課題である。需要が顕在している市場だけではなく、これから成長すべき国の可能性を開拓していくのも当社らしい水産分野への関わりであり、役割と考えている。

　ヤマハ発動機の第二幕の活動について見守っていただければ幸いである。

第 6 章　漁業振興への協力：東アフリカの事例
Fisheries cooperation in East Africa

赤井　由香
Yuka Akai

1　はじめに

　日本政府による開発途上国への政府開発援助（ODA：Official Development Assistance）の実績は、外務省「政府開発援助（ODA）国別データ集[1]」や「国別援助実績[2]」で公表されている。54 か国あるアフリカ諸国のうち、水産エンジニアリング株式会社（以下当社という）が「漁業振興」を目的とする ODA 案件に従事した国は約 20 か国あり、協力対象国には、沿岸国だけでなく、河川・湖沼などの内水面で漁業や養殖を行なっている海に面していない内陸国も含まれる。

　ODA で支援する分野は、水産分野も含め多分野に渡り[3]、無償資金協力（ODA Grants）、有償資金協力（ODA Loans）、技術協力（Technical Cooperation）などの支援の枠組み[4]により実施されている。当社が取り組んだ水産プロジェクトは「無償資金協力」により実施されたものが多く、零細漁業を営む漁業者及び流通・加工業者が利用する漁港や水産センター、また基礎研究を行う水産大学（水産学部）や水産研究所などの施設・機材整備プロジェクトがある。当社が一級建築士事務所ということもあり、創立当時から施設建設案件への従事経験は多いものの、船舶分野では、漁船、漁業訓練船、漁業調査船、巡視艇など

---

1) 政府開発援助（ODA）国別データ集
　　https://www.mofa.go.jp/mofaj/gaiko/oda/shiryo/kuni.html

2) 国別援助実績
　　https://www.mofa.go.jp/mofaj/gaiko/oda/shiryo/jisseki/kuni/index.html

3) 独立行政法人国際協力機構（JICA），事業・プロジェクト
　　https://www.jica.go.jp/activities/index.html

4) 英語表記の参照 URL
　　https://www.jica.go.jp/english/our_work/types_of_assistance/index.html

船舶建造案件[5] の従事経験もある。

　本稿では、特に東アフリカ諸国における当社のプロジェクト事例とともに、様々な政府開発援助に携わる関係者の中で、「コンサルタント会社」である当社の業務の一部をご紹介する。紹介するプロジェクトの報告書は、独立行政法人国際協力機構（JICA）の図書館ポータルサイト[6] において全て電子ファイルで閲覧可能となっている。

　なお、本稿で使用する「東アフリカ」は、アフリカ大陸東側の国（内陸国も含む）及びインド洋に浮かぶ島嶼国を指す表記とし、国連や経済共同体など様々な区分とは合致しない。

2　東アフリカにおける漁業振興事例

2－1 日本政府による水産 ODA

　東アフリカ諸国への日本政府による ODA（水産分野）の支援内容の推移を

表 6-1　東アフリカ諸国における水産 ODA による支援内容の推移

水産ODAの支援内容		73'-79'	80'-89'	90'-99'	00'-09'	10'-19'
漁獲関連	漁船関連	31.7%	27.2%	14.7%	7.1%	0.0%
	船外機・エンジン等	22.0%	15.2%	16.7%	1.2%	0.0%
	漁具関連	24.4%	17.9%	10.0%	2.4%	0.0%
	漁船修理施設	0.0%	1.3%	2.7%	0.0%	0.0%
	浚渫関連	0.0%	3.3%	6.0%	4.7%	3.0%
	製網機材	0.0%	2.0%	0.0%	0.0%	0.0%
漁業訓練関連	水産訓練施設・学校関連	14.6%	5.3%	4.7%	7.1%	0.0%
	訓練船・練習船	43.9%	11.9%	4.7%	3.5%	0.0%
調査・研究関連	研究・品質管理関連	14.6%	7.9%	6.0%	7.1%	6.1%
	漁業調査船	14.6%	6.6%	7.3%	1.2%	0.0%
	検査・分析関連	0.0%	0.7%	0.7%	4.7%	6.1%
養殖関連	養殖関連	2.4%	9.3%	4.7%	5.9%	9.1%
水産流通・漁港施設関連	冷蔵・冷凍設備	14.6%	20.5%	18.0%	22.4%	9.1%
	加工	2.4%	4.0%	4.0%	9.4%	6.1%
	漁業・漁民・コミュニティセンター	2.4%	5.3%	2.7%	16.5%	3.0%
	魚市場整備	0.0%	2.6%	10.7%	15.3%	12.1%
	荷捌場・水揚場整備	0.0%	2.6%	20.7%	34.1%	24.2%
	漁港・桟橋等設備整備関連	4.9%	23.2%	40.7%	48.2%	36.4%

水産エンジニアリング㈱作成

5)　ジブチ共和国海上保安能力向上計画準備調査報告書（先行公開版）（2021.10）

6)　JICA 図書館蔵書検索　https://libopac.jica.go.jp/

抜粋した内容を表 6-1 に示す。これは日本政府が実施した全ての水産分野の協力を支援内容により当社で分類した。

　表内の支援の傾向をみると、1970 〜 2000 年代に「漁獲関連」の支援、つまり魚を獲るために不可欠な漁船・漁具の支援が行われている。続いて 1980 〜 2000 年代に「漁業訓練関連」、「調査・研究関連」及び「養殖関連」の支援、つまり漁業者の人材育成や水産資源の状況把握を目的とした漁業訓練施設、調査・研究施設の整備や漁業訓練船・漁業調査船の整備が行われている。そして 1980 年代〜 2019 年に「水産流通・漁港施設関連」の支援が行われ、漁獲後の陸上での魚類の荷捌きや流通を担う漁港、魚市場、水産センターの整備が行われている。各協力対象国が海洋国か、内陸国かによっても協力内容は異なるし、協力対象国の協力当時の漁業の実情によって各支援の内容や時期は異なるので、一概には言えないものの、漁獲手段の支援から、漁獲物の流通に関する支援へと移ってきている傾向はみられる。

　また 1998 年度（平成 10 年度）からは、それまでの施設建設・機材調達を中心としてきた支援に「ソフトコンポーネント」という施設運営にかかる支援の枠組みが追加された。ソフトコンポーネントでは、整備した施設・機材が当初の施設整備の際の目的に向かって運営され、有効に活用されるよう、施設運営の研修などが含まれる。船舶案件ではソフトコンポーネントの枠組みではないものの、船舶・装備品の取り扱いやメンテナンス方法の研修と操作指導が行われている。

　ヨーロッパ諸国の植民地支配を受けた東アフリカ地域は、独立後、旧宗主国を含め、欧米先進国からの経済支援を受けていた。日本からアフリカへの支援は、欧米の経済停滞によりアフリカへの支援が減少したあたりから、アフリカの重要性を踏まえて強化されてきている。世界の国数の約 3 割を占めるアフリカの動向は、国連総会や国際機関など、一国一票の投票で意思決定が行われることの多い国際場裏でも重要となっているほか、東アフリカ地域は農産物（コーヒー、バニラなど）や鉱物資源・石油などの資源が豊富で、日本はそれらの資源に頼っている。このように日本とアフリカは持ちつ持たれつの関係にある。

2－2　当社のプロジェクト事例

　当社が初めて東アフリカ諸国で漁業振興プロジェクトに従事したのは 1980
年であり、以降、コモロ連合、ジブチ共和国、セーシェル共和国、ソマリア連
邦共和国、タンザニア連合共和国、マダガスカル共和国、マラウイ共和国、モ
ザンビーク共和国、モーリシャス共和国などで業務経験がある [7]。

表 6-2　当社のプロジェクト事例

支援内容	協力年	国名	プロジェクト概要
漁獲関連	1980	マダガスカル	FRP ボート（中型トロール船、小型漁船）、製氷機を含む冷蔵施設、漁業資機材
	1981	タンザニア	エビトロール母船、運搬船、船への氷を供給する製氷施設
	1982	モザンビーク	製網施設、製氷機等を含む漁業センター、漁業資機材（網資材、エンジン等）
	1987	マダガスカル	既存桟橋改修、漁船、資機材
	1992 1998	モザンビーク	漁船修理施設の新設とリハビリ
漁業訓練関連	1983	コモロ	漁業訓練センター、小型漁業訓練船、船の引揚斜路
調査・研究関連	1993	モーリシャス	水産研究所の拡張、研究機材
	1997	マラウイ	マラウイ大学水産学科の学校施設新設と養殖施設
養殖関連	1993	マダガスカル	エビ種苗生産センター、養殖訓練センターの新設
水産流通・漁港施設関連	1997	セーシェル	小規模漁業用の岸壁整備
	2014	タンザニア	ザンジバル魚市場整備

(1) タンザニア　エビトロール母船等の整備

　タンザニアは、タンガニーカ共和国（大陸側）とザンジバル（島嶼部）から
なる連合共和国で、インド洋に面する大陸側の海岸線は 1,424km と長い。し
かし大陸側では海面漁業よりも湖や河川に行われる内水面漁業が盛んであり、
1981 年当時も 2013 年調査時も、漁獲量の 8 割近くが内水面漁業による漁獲
であり、海面漁業は、無動力の伝統漁船による零細漁業がおこなわれている状

---

7)　五十音順。国名は 2023 年 10 月現在。
　　https://www.mofa.go.jp/mofaj/area/africa.html

況で、海洋水産資源の開発は進んでいない。

　1960年代にタンザニアからの漁業協力要請に応えて神奈川県水産試験場の指導船等により実施された漁業調査の結果から、エビ・トロール漁業の有望性が確認されたことを背景とし、1981年にタンザニア大陸側を対象に「漁業振興計画基本設計調査」が実施された。協力対象となったのはタンザニア漁業公社（TAFICO）という政府の公社であり、同公社は、エビ資源開発・輸出による外貨獲得を目指すエビトロール漁業計画を策定し、漁獲目標値を設定して取り組んでいた。しかし当時、エビの好漁場はTAFICOの基地から遠隔地にあり、漁船に冷蔵設備がなかったことから、漁場と基地の往復に時間と燃料の浪費が課題となっていた。これを解決するため、冷凍冷蔵設備を有したエビトロール母船と運搬船、船への氷を供給する製氷施設の基本設計を行なった。

　建造された母船は、MAMA TAFICO（ママ　タフィコ）と命名された。ママは、タンザニアの公用語であるスワヒリ語で「お母さん」という意味である。

(2) コモロ　漁業訓練センターの整備

　コモロはインド洋に浮かぶマダガスカルの北側に位置する2,235k㎡の国[8]で、グランドコモロ島、アンジュアン島、モヘリ島の3島を合わせた国家である。1975年にフランスから独立して以降もクーデターが頻発し、不安定な政情が続いていた。そういった状況下で1983年に「漁業訓練センター計画基本設計調査」を実施し、漁業訓練センターの施設、小型漁業訓練船、船の引揚斜路などを整備する基本設計を実施した。

　1985年に完成したセンターは、コモロ唯一の水産分野人材育成機関となり、1990年代まで日本人専門家の派遣が行われていたが、その後のコモロ国内の情勢不安から約10年運営が中断されていたという。その後、2008年に「国立水産学校」として職業訓練機関となり、2011年から2014年まで「国立水産学校能力強化プロジェクト（技術協力プロジェクト）」が実施された（技術協力は他社による実施）。

8）　外務省　https://www.mofa.go.jp/mofaj/area/comoros/data.html#section1

(3) モザンビーク　漁業関連施設の整備

　モザンビークは、タンザニア南部と国境を接する沿岸国で、マダガスカル島のちょうど対岸に位置する。南北に 2,500km ほど続く海岸線があり、総国土面積は 79.9 万 km2 に及ぶ。モザンビークは、1975 年にポルトガルから独立後、内戦に突入、包括和平協定の締結と内戦の終結は 1992 年といわれる。

　当社が実施したプロジェクトは、1982 ～ 1983 年の「漁業振興計画基本設計調査」、1992 年の「漁船修理施設建設計画基本設計調査」及び 1998 年の「漁船修理施設整備計画基本設計調査」（1992 年に建設した漁船修理施設のリハビリ案件）である。2 つのプロジェクトの実施時期は内戦中または終結時にあたり、1981 年～ 1984 年にかけて同国が大規模な旱魃に見舞われた時期でもあった。当時の調査時は、購入できる品物が大変少なく、物々交換が主流であり、また、このような状況のため海面漁業は未発達、海洋資源は未開発で船を少し出しただけで体長の大きい魚類が入れ食いになる、という資源の豊富さであったと聞いている。

(4) モーリシャス　水産研究所の整備

　モーリシャスは、マダガスカル島の東側に位置する総面積 2,040km2 の島国である。観光もモーリシャスの重要な外貨獲得源であるため、政府の水産開発計画は海洋資源と環境の保全に主眼があり、持続可能な範囲で最大限資源を利用するため、生態系の基礎研究も重視されている。

　1993 ～ 1994 年にかけて当社が取り組んだ「アルビオン水産研究所拡張計画基本設計調査」は、1980 年代に日本の無償資金協力により整備された水産研究所（水産海洋部門の基礎研究をする唯一の国家機関）の拡張計画であった。整備から 10 年以上経過し、研究員数も研究課題も増えたことを受けて拡張計画が実施された。このプロジェクトに含めた研究機材は比較的取り扱いが容易な機材が選定され、指導が必要な高度な研究機材は、本プロジェクトの後に実施予定となっていた技術協力プロジェクトで専門家とともに支援された。プロジェクトの内容は、その他の日本の協力内容や他国や国際援助機関からの支援内容と重複しないように検討されている。

（5）マダガルカル　種苗生産センター、養殖訓練センターの整備

　アフリカ大陸の南東に位置するマダガスカルは総面積 587,295km2 の島国である。マダガスカルの北西部海岸域は河川流入によるエビ資源が豊富で、エビ合弁企業によるエビ漁業が同国経済に貢献していた。一方で当時のエビ漁獲量が最大持続生産量の上限に到達していると推定されていたことから、1989年にマダガスカル政府は、公的なエビ種苗生産施設等の整備について日本側へ要請を行なった。

　エビ養殖は、マダガスカルで水産会社や一般企業からも注目され、また、小規模な半集約的養殖振興を進める政府の方針もあったが、エビ養殖に関する技術者が少ないことが普及の課題となっていた。そのため、エビ養殖の技術訓練と種苗の供給を行う公的機関が必要とされ、このプロジェクトでは、種苗生産センターとともに養殖訓練センターの整備計画を策定した。センター建設が完了した後、1998 年から種苗生産技術普及・訓練のため、技術協力プロジェクト（専門家派遣）が行われた（技術協力は他社による実施）。

（6）タンザニア・ザンジバル　魚市場の整備

　ザンジバルはタンザニアの島嶼部にあり、大陸側から船で約 1 時間の距離で、大陸側との人の往来は頻繁である。

　2014 年の「ザンジバル・マリンディ港魚市場改修計画準備調査」時は、既存のマリンディ港があったものの、土木施設の一部（スロープ式岸壁）が崩壊している状況で、陸上施設は未整備であった。それでも漁船は多く集まり、活

写真 6-1　ザンジバル　船着き場

写真 6-2　ザンジバル　タガーの山

112

**写真 6-3
ザンジバル　タコたたき**

気を呈するザンジバルの中心的な漁港として利用されていた。その土木施設の崩壊部分の改修と新規の魚市場棟を建設するため、基本設計を行った。

　ザンジバルには、ザンジバル革命政府（The Revolutionary Government of Zanzibar）という、大陸にある連合共和国政府とは別の独自の自治権をもつ政府がある。またイスラム教徒が9割を占め、建物も大陸側とは異なる雰囲気を持っており、世界遺産の指定地域もある。海に囲まれる島嶼であることから大陸側とは異なり、海産物の消費が多い。

　この港の漁業関連者の職種は、例えば、漁獲物を運ぶにしても、魚をA地点からB地点に運ぶ人、B地点からC地点に運ぶ人など細分化が進んでいるそうである。ザンジバルでは、アフリカでは珍しくタコもよく食べており、このタコを食べる前の処理に特徴がある。タコを柔らかく食べるには「たたく」、「弱火で長時間煮る」といった方法があるが、ザンジバルではこの「たたく」工程を仕事にしている「タコたたき職人」がいるそうである。生ダコを両手で持ち、自身の背筋をフルに使って、全力でコンクリなどの固い地面にたたきつけ続け、柔らかくして各店舗に卸すそうである。料理されたタコは確かに柔らかかったものの、タコの身には精魂込めてたたき続けた証（砂利）が多数含まれていたそうだ。なかなか加減が難しそうな職業である。

(7) その他の事前調査

　タンザニア大陸側で、2013年に一般社団法人マリノフォーラム21（MF21）の委託事業[9]として、タンザニアの海面漁業、タンガニーカ湖（タンザニア、ブルンジ、コンゴ民主共和国、ザンビアの4カ国にまたがる国際湖）とヴィクトリア湖（タンザニア、ケニア、ウガンダの3カ国にまたがる国際湖）における水産資源管理の現状調査を行なった例がある。当社が担当したムワンザ

9)　平成25年度海外水産資源管理基礎調査委託事業報告書（平成26年3月），一般社団法人マリノフォーラム21

州ではヴィクトリア湖沿岸の漁村をタンザニア水産研究所（TAFIRI）の研究員
とともに回る機会を得て、湖での漁業の状況や資源管理の方法などについて聞
き取り調査を実施した。

　前述のザンジバルでは海産物が好まれる傾向があったが、タンザニア大陸側
では内水面漁業が盛んで淡水魚が好まれる傾向がある。ムワンザの食堂のメ
ニューでも淡水魚はよくあった。この淡水魚は、親戚へのお土産品となること
が多いそうで、ムワンザからダルエスサラームに戻る国内線では、お土産の淡
水魚をたっぷり詰めたプラスチックの蓋つきバケツが預け荷物となる。ダルエ
スサラーム空港の預け荷物のターンテーブルには、旅行用スーツケースと並ん
でたくさんのバケツがくるくると回っていた。空港内のため残念ながら写真は
撮れなかったが、印象的な光景であった。

3　コンサルタント会社としての当社の仕事

　無償資金協力のプロセスは、「相手国政府からの要請」により開始され、日
本政府関係者が意思決定と資金の支出を行い、JICA が日本側のプロジェクト
実施機関として全体の運営をプロジェクト完了までを監理する。この中でコン
サルタント会社である当社の業務は、JICA への技術サービス業務（基本設計）
と、相手国政府への技術サービス業務（詳細設計、入札監理、施工監理及び瑕
疵検査）の提供である。

　プロジェクトの開始から完了まで3〜5年（またはそれ以上）かかる。プ
ロジェクトの内容や規模によってその年数は異なるが、その工程の進捗は、両
国政府の意思決定や手続き、相手国や渡航途中の国の政情不安や自然条件など
実に様々な事象に影響を受けている。困った事例とそれが解消に至った経験は
プロジェクトの実施経験に比例して増えていくものの、その経験値を軽く超え
る出来事は尽きることがないようだ。

　JICA では、コンサルタント会社を公募競争で選定している。応募時点でプ
ロジェクトごとに必要な調査団の構成が提示されるので、プロジェクトの内容
により、建築、土木、船舶、機材、水産、環境社会配慮等の各分野の担当者を
検討し、チームを構成する。水産インフラの特徴は建築・土木施設・機材の複
合案件となる点で、係船施設・護岸（土木）と荷揚げ・流通などの陸上施設（建

築)と機材の組み合わせなどがその一例である。また、海上保安分野のプロジェクトで、船舶（巡視艇）・土木（係船施設）の複合案件もある。コンサルタント会社の担当者は、国内作業と現地調査を通して、多角的に情報・資料を収集して分析し、プロジェクトに必要な技術情報を取りまとめ、プロジェクトを形作っていく。

　設計部門ではない筆者は、自身の勉強不足を棚に上げて、この執筆を機に設計部門で施設の図面を引いている担当者に話を聞いてみた。「水揚げや流通施設の図面をみると直線が多くて内装に丸っこさがない気がするし、配置も似て見える」という点である。あまりに素朴な質問にもかかわらず、設計担当は、「各案件で盛り込む機能や部屋の配置、仕上げの方法や建物の色味などは、様々な制約がある中で、意外と配慮されている」といろいろなプロジェクトの図面を見せ、説明してくれた。

　各国の水産インフラで必要とされる機能には共通点も類似点も多いが、完成した施設は、１つ１つがオリジナルな設計となっている。それは必要とされる基本的な機能が共通していても、各国の漁業形態や利用者が多様であること、国によって、国によって、相手国政府がその施設に求めること、確保できる敷地の大きさなど様々な条件が異なるためである。

　施設の規模や部屋の機能、配置は、水揚場の実際の使われ方やそこを利用する漁業関係者（漁業者、仲買人、加工人など）の動線を踏まえて設計される。そのため、実際の水揚げ、競り、運搬、加工などが施設整備前の段階でどのように行われているか、現地での実態調査は重要であり、得られる情報は施設計画を検討する際の肌感覚として大切な情報となるし、アンケート調査から確認される定量的な数値は、その観察結果を裏付けたり、修正したりする役目も果たしてくれる。また、定量的な数字は、施設規模の設定の根拠となり、プロジェクト事業費の積算につながっていく。

　現地調査を行う担当者が重視していることは、この「現地調査時の現状の観察でしか得られない肌感覚」と「現地調査結果から見えるプロジェクト独自の実態を理解すること」という。プロジェクトに従事した経験が豊富であればあるだけ、現地での実感と肌感覚をとても大事にしている。

　途上国に対して建設する水産インフラは、多様な利用者が想定されることか

ら、設計者のこだわり（思い入れ）は極力入れない「努力」をし、使い勝手や
維持管理のしやすさ、部品の調達のしやすさといった機能面と動線の快適さを
重視して設計され、構造もシンプルである。設計者にとって、自分の思いを設
計に反映することはやりがいのひとつでもあるので、こだわりを極力いれない
努力をする、ということはなかなか悩ましいことのようである。

　施設に付属する設備もなるべくシンプルで、できれば現地ですでに使われて、
日常的なメンテナンスが容易で、故障しても現地で修理ができ、部品の入手に
時間がかからないタイプを選定し継続して使うことができるように配慮する。
ただ、こういったシンプルな設備は日本ではすでに製造されていないものもあ
り、日本国内でメーカーを見つけることがなかなか難しい場合もあるそうだ。

　外観や内装の装飾や仕上げは相手国からの要望に配慮するとともに、法令な
どを踏まえて設計をする。例えば、世界遺産に登録されているような地域での
設計は、特に景観への配慮も重要となる。一方で、一定の品質を確保するが、
華美にはしない。

　予算や施工材料・方法などの選択枝が限定される中でも、設計者は、できる
限り随所に工夫を盛り込んでいく。例えば、現地の慣習や宗教、周囲の建物と
のバランスを考えて、施工可能な範囲で窓の形状を工夫したり、バリアフリー
や防犯・安全面から部屋の配置や作りを検討し、性別や年齢を問わず利用しや
すい施設にする配慮である。

　施設の機能面を最優先とし、直線の四角い部屋が並んでいる図面の中には、
チームの各担当者そして図面を引く設計者全員の思いと工夫が詰め込まれてい
る。

4　おわりに

　今回、設計事務所という特徴を持ち、無償資金協力案件を主に行っている当
社の業務をご紹介した。ODA 業界で、様々な分野や異なる協力形態の中で日々
奮闘されている「コンサルタント会社」が多々ある中、この執筆の機会を当社
に与えて下さったことにまず感謝したい。

　私が初めて東アフリカ・タンザニア共和国を訪れたのは、卒論と就職活動
を行うはずの学生最終年の 1990 年半ばだった。父の JICA 専門家としてのタ

ンザニア赴任が決まり、当然のように「休学して一緒に行くだろ。」と言う父と、その父と結婚後、数年に1度日本中を引っ越し続けた結果、「アフリカだって。ちょっと遠いわね」と距離の感覚をどこかに置いてきた母に、おっかなびっくりついて行き、初のアフリカ・タンザニアの地を踏んだ。結局1年をタンザニアのダルエスサラームで過ごし、日常生活でタンザニアの魚に触れた機会は、おかずの魚を買ったくらいで、ダルエスサラームに住んでいる限りでは、深刻な食糧不足を目の当たりにしたわけでもない（近隣国の内戦の影響で国境付近に難民キャンプは設けられていた）。しかしこの1年の生活は、私に「食べることができる幸せと、食い扶持を自分でどうにかする必要性」について強烈な自覚をもたらし、自分の食い扶持を賄ない、そして誰かの「食べること」につながる仕事をしたいな、という就職活動への意欲を引き出してくれた。そして、新卒で入社がかなった当社で育ち、現在に至る。

　(7) その他の事前調査で紹介した2013年のタンザニア調査で、初めてムワンザの地を踏んだ。国境に近い町で、1990年代当時は治安が悪いからと行けなかった場所である。この調査では、ヴィクトリア湖の漁村社会経済を研究する女性のTAFIRI研究員が漁村調査に同行してくれ、漁業を営む人々から話を聞く機会を作ってくれた。訪問した湖岸では日本が無償資金協力で作ったキルンバ市場以外、インフラの整備は進んでいなかったが、ナイルパーチの水揚

写真 6-4
ナイルパーチ　保冷車

写真 6-5　タガーと女性

げや、ダカーと呼ばれる煮干しのような小魚を湖岸の砂浜に干す作業で活気があった。国境付近という地の利を生かして隣国に干魚の輸出もしていた。ヴィクトリア湖のダガーは、キゴマのダガーとも、ザンジバルのダガーとも魚種が異なり、キゴマのダガーのほうが人気らしい。でもヴィクトリア湖で獲れ、油で揚げたダガーは美味しかった。進化の研究で取り上げられるシクリッド（細かい判別はできないが、ダガーとは形が違う）も混ざっていたけれど。

　タンザニアは、現地に長く住む日本人の方々も、「大きな紛争も民族対立もない。部族が多くて宗教も様々なのにね」といわれていた。タンザニアに行く前に見つけて読んだアフリカ関連の書籍は、各国独立当初の話が多く、行って帰ってこられるのかと不安しかなかったが、行って出会ったタンザニアの人々のめげない明るさと大らかさに戸惑い、笑って、元気をもらった。

第7章　沖縄における JICA 研修と
島嶼国技術協力プロジェクト

JICA's training in Okinawa and
technical cooperation projects in island countries

鹿熊　信一郎
Shinichiro Kakuma

1　はじめに

　日本の最南端の島嶼県である沖縄県は、海洋環境や魚種、社会環境に類似性
があるため、過去より太平洋島嶼国を中心とした熱帯島嶼国から水産研修員を
受け入れてきた。たとえば魚種については、沖縄と日本本土とでは、沿岸漁業
の対象となる魚種は大きく異なる。しかし、太平洋・インド洋島嶼国と沖縄の
対象魚種は非常に類似性が高い。本章は、沖縄で実施されてきた島嶼国を対象
とした水産研修、および、筆者が最近関わったカリブ海島嶼国、バヌアツにお
ける水産協力の事例について整理する。

2　沖縄における水産研修

　JICA（国際協力機構）は、JICA 沖縄センターなどを主体として、熱帯島嶼
国から多くの研修員を受け入れてきた。沖縄県も独自に太平洋島嶼国から水産
研修員を受け入れた経験がある。1980 年代、パプアニューギニアやソロモン
諸島におけるカツオ漁に沖縄漁民が出漁していたため、両国から研修員を受け
入れたのである。筆者が沖縄県庁に入って最初の仕事は、この研修員の受け入
れ事業だった。OFCF（海外漁業協力財団）も、太平洋における日本のカツオ・
マグロ漁船の漁場を確保すること等を目的に、1980-2000 年代に、沖縄におい
て太平洋島嶼国から水産研修員を受け入れていた。

　1999 年から JICA が沖縄で実施した水産研修の実施年度とコース名を整理
すると、1999-2003：島嶼国沿岸資源管理、2006-08：課題別島嶼漁村主導
型水産業多様化促進、2009-11：課題別多様化による水産資源の持続性確保、
2012-14：地域別島嶼国水産普及員養成、2015-17：課題別島嶼における水産
業多様化と資源の持続的利用、2015-17：青年研修「大洋州混成資源管理型漁

業」、2018-23：課題別島嶼における水産業多様化と資源の持続的利用となる。研修内容は多岐にわたるが、沿岸資源管理を主に、FAD（Fish Aggregating Device：浮魚礁）に関する研修も長期間実施された。

2.1　沿岸資源管理

　太平洋島嶼国では、1990 年代にはすでに沿岸漁業資源の減少が危惧されており、1995 年にニューカレドニアで開かれた沿岸資源管理に関するワークショップでは、多くの国から資源の減少と管理の必要性が報告された（このワークショップで、筆者は沖縄県恩納村の共同管理の事例を発表した（Kakuma and Higa 1995））。このため、さまざまな資源管理策が試されたが、旧宗主国などが支援するトップダウン型の管理策はほとんど機能しなかった。

　この理由は、熱帯の途上国では、温帯の先進国とは異なる独特の条件があり、それがトップダウン型の管理策に不利に働くためである（鹿熊 2006a）。その条件の第一は漁獲対象魚種の数である。温帯域と比べて、熱帯・亜熱帯の漁獲対象魚種の数ははるかに多い。日本本土の魚市場では、数十種の魚を扱っていれば多い方だろうが、沖縄の石垣島の市場では、178 種が確認され、実際には 200 種以上と推定された（太田・工藤 2007）。漁獲対象魚種の数が多いことは、通常、トップダウン型の資源管理には不利に働く。資源管理のための調査研究は、対象種を決めて実施されることが多いためである。筆者が沖縄県水産試験場に勤務していた頃の同僚は、資源管理のために、ある重要魚種の調査研究を 4 年間実施した。しかし、沖縄の重要な沿岸漁業対象魚種は少なくとも 50 種はある。

　次の条件は、十分な監視取締体制がとれないことである。どんなに優れた資源管理策でも、監視取締ができなければ効果はでない。熱帯途上国、特に離島・遠隔地の多い国では、十分な監視取締船、監視取締員を配備することは難しい。自給漁業が多く漁獲量の把握が難しいこと、資源管理に必要な調査研究の資源（人材や資金）が乏しいこともトップダウン型の管理策には不利に働く。

　このため、熱帯途上国における沿岸資源管理は、地域コミュニティと政府が協働して行う共同管理（Co-management）が主流になってきた。熱帯途上国の条件により対処しやすいためである。日本で実施されている資源管理型漁業は、まさに共同管理であり、沖縄で実施された沿岸資源管理に関する研修も、

すべて共同管理をテーマとしていた。

2.2　FAD

　FAD は、カツオ・マグロ類が海面に浮いているものに集まる習性を利用した漁具で、沖縄ではフィリピンから導入した経緯があり、現地で使われているパヤオが呼び名になった。1980年代はじめ、沖縄では新たに導入した底立て延縄の効果により急増していた底魚の漁獲量が、一転、乱獲により急激に減少していた。同じ時期に試験的に設置したパヤオが大成功し、パヤオは全県に広まった。この結果、資源に余裕のあったカツオ・マグロ類など浮魚の漁獲量が急増し、多くの漁業者の経営難を救うとともに、底魚資源への漁獲圧を緩和することになった（鹿熊 2006b）。

　太平洋・インド洋・カリブ海の島嶼国でも FAD 漁業は行われている。沖縄には、FAD のデザインに始まり、設置場所の選定、設置作業、修理、漁具漁法の改良、漁業紛争の防止、流通の改善まで、漁業者集団が FAD 漁業を運営していく優れた技術があったため、島嶼国の研修員を対象とした FAD に関する研修が長い間沖縄で実施された。

　1992年にニューカレドニアで、SPC（当時は South Pacific Commission、現在は Pacific Community）が主催する太平洋島嶼国を対象とした水産技術会議が開かれ、FAD に関するセッションもあった。二カ国の代表は、漁業研修員として沖縄で研修を受けた人だった。SPC の研究者が、インド洋で最近開発されたという FAD の説明をしていたとき、沖縄研修経験者の代表が、「インド洋で開発されたと言うが、私は5年前に沖縄で同じものを見ている。我々はもっと沖縄から学ぶべきでは」と発言した。その FAD は、水平型（ムカデ型）と呼ばれるブイを連結したもので、沖縄では初期に広く使われていた。その後、水中部分の体積が大きく、より集魚効果の高い縦型というパヤオが主流になった。さらに、台風などで流出しにくい浮体を中層に沈める中層パヤオの設置も進められた。中層パヤオは、太平洋島嶼国でもミクロネシア連邦やフィジーなどで試験的に設置されている。

2.3　沖縄と島嶼国で技術交流のポテンシャルがあるその他のもの（鹿熊 2002）

　水産資源ではないが、水産資源を支える資源としてサンゴ礁とマングローブ

がある。サンゴ礁とマングローブを別々に扱う研修コースが、長年、沖縄で実施されてきた。筆者は、これらの研修で、水産資源管理に関する講義を行ってきた。サンゴ礁やマングローブ生態系の保全上も水産資源の管理は重要なためである。沖縄で最大の環境問題である赤土汚染は、島嶼国でも大きな問題になっており、島嶼国を対象とした赤土汚染対策の研修が沖縄で実施されてきた。

　沖縄などで開発されたシャコガイの種苗生産と放流技術が、トンガ、ミクロネシア連邦、バヌアツなど太平洋島嶼国に移転された事例がある。この 3 カ国以外にも、フィジー、サモア、ソロモン諸島、パラオなど筆者が訪れた太平洋島嶼国のすべてでシャコガイの種苗生産と放流が実施されていた。また、沖縄の重要資源であるソデイカは太平洋やカリブ海に分布していることが確認されており、島嶼国で試験操業が実施されている。中国の旺盛な需要の結果、資源が急減しているナマコも、沖縄と太平洋島嶼国とで資源管理に関する技術交流が必要とされる。

　島嶼国を対象に沖縄で水産研修を実施する際注意しなければならないことは、市場競合である。沖縄の市場の規模は小さく、モズク、ソデイカなどの重要産物は、大部分を本土の市場へ送っている。島嶼国を対象とした技術研修の結果、その国から日本の市場に沖縄と同じ産物が輸出され、市場で沖縄産のものと競合する事態は避けなければならない。

3　JICA によるカリブ海島嶼国への水産協力

　JICA は、2013 ～ 2017 年にカリブ海 6 カ国（セントルシア、セントビンセント、グレナダ、ドミニカ、アンティグア・バーブーダ、セントキッズ）を対象に FAD 漁業の共同管理をテーマとした CARIFICO (Caribbean Fisheries Co-Management Project) を実施した。2019 年 3 月には CARIFICO フェーズ 2 の詳細設計調査を行い、2020 年度から 4 年間の予定でフェーズ 2 を実施中である。筆者は、詳細設計調査のうちセントビンセント、セントルシア、グレナダ、ドミニカを対象とする調査に加わった（図 7-1）（鹿熊 2021）。

　フェーズ 2 は、沖合域の FAD 漁業ではなく、沿岸漁業の共同管理がテーマである。また、フェーズ 2 では、サンゴ礁海域の MPA（Marine Protected Area：海洋保護区）管理などに、日本発の環境保全・資源管理概念である里

122

海概念を導入した。フェーズ1は漁業の共同管理がテーマだったが、フェーズ2は、これに加え「沿岸資源」という生物の管理も必要となる。したがって、対象生物の生態に関する情報や管理ツールの選択なども必要となり、また、関係するステークホルダーも格段に増えるため、共同管理のハードルはより高くなる（鹿熊 2021）。

　筆者はフェーズ2に研究者として関わっている。新型コロナウイルスの影響でセントルシアを除いてプロジェクトの進捗は遅れており、筆者は開始後まだ一度も対象国へ行けていない。そこでこの節では、里海概念の概要と詳細設計調査を実施した4カ国の共同管理の方向について整理する。

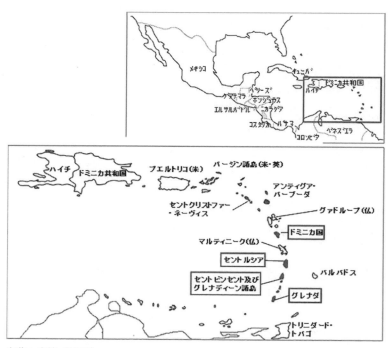

出典：鹿熊（2021）

図 7-1 筆者が参加した詳細設計調査対象国

3.1　里海概念

　現在、日本各地で里海づくりが進められている。環境省が行った調査では、里海活動を実践している地区は、全国で 2010 年 122、2014 年 216、2018 年 291 と増えている。水産庁の事業「水産多面的機能発揮対策」では、自分たちの海を里海と呼んではいなくても、里海的プロセスを行っている活動組織が全国で 600 近くある。また、海外でも Satoumi は広まっており、世界中で Satoumi の事例が報告されている。2008 年に中国で最初の国際 Satoumi ワークショップが開かれて以降、フィリピン、日本（金沢）、米国（ボルチモア）、米国（ハワイ）、トルコ、日本（東京）、ベトナム、ロシア、フランス、タイ、セントルシア、フィジーと、12 年連続で毎年、世界のどこかで里海の国際会議が開かれた（鹿熊 2019）。

　いま、日本でもっともよく使われている里海の定義は、柳哲雄による「人手が加わることにより生物生産性と生物多様性が高くなった沿岸海域」である。筆者は、定義ではなく里海の最重要な側面（本質）は、「地域の人が密接に関わる環境保全・資源管理により沿岸海域の生態系機能を高めていること」だと考えている。「できるだけ人の影響を排除する環境保全・資源管理」という、過去にみられた欧米的考え方と対照的なものである。柳の定義では、直接人手をかけていなければ里海ではないように思える。しかし、里海づくりの活動は、たとえばサンゴ礁域では、サンゴ植付けやオニヒトデ駆除など直接人手をかける活動（直接的活動）と、赤土汚染対策や水産資源管理など間接的に人手をかける活動（管理的活動）の 2 種類に分けられ、直接人手をかけない活動も里海の本質に深く関わっている（鹿熊 2018、Kakuma and Sato 2022）。

3.2　セントビンセント

　フェーズ 2 では、各国で沿岸資源管理のパイロット活動を実施することになっている。セントビンセントでのパイロット活動の柱は、南部 SCMCA（South Coast Marine Conservation Area）におけるルール作りになると考えられる。MMA（Marine Management Area：海洋管理区）の境界線の線引きはできているものの、ゾーニングなどのルールはまだできていない（鹿熊 2021）。

　セ ン ト ビ ン セ ン ト の 調 査 で は、大 手 環 境 NGO の TNC（The Nature Conservancy）の Coral Reef Report Card を入手した。セントビンセントのサ

ンゴ、マングローブ、海草の状況や MMA の設定状況を科学的・定量的に整理
したものである。プロジェクト対象 6 カ国すべてのレポートカードが整理さ
れている。共同管理を進めるためには、自然科学的情報が多い方が有利であ
るが、これを JICA が独自に調べるのは現実的でない。東カリブ海島嶼国には、
TNC 以外にもドイツの支援組織など多くの環境保全・資源管理支援組織が入っ
ている。パートナーシップのもとに他組織のデータを活用していくべきである
（鹿熊 2021）。

　JICA が主催する漁業者集会が開かれ熱心な質疑が行われたが、ここの漁業
者は日常的に漁業者同士で話し合っていないと感じられた。漁業者の考え方に
大きな違いがあり、JICA との話し合いよりも漁業者間での議論になってしま
うことが多かった。この傾向は、漁業者の組織力が弱いときに現れると思う。
共同管理には、管理の意思決定力の重心が漁業者側か政府側かに偏ることに
よってさまざまな段階がある。筆者が調査したアジア太平洋・インド洋の 12
カ国のうち、もっとも漁業者側に重心があったのはサモアであり、もっとも政
府側に重心があったのはモーリシャスだった。モーリシャスでは、漁業者の組
織力は弱く、漁業者間の話し合いも十分にもたれていないようだった。資源減
少への危機感はあったが、その原因は自分たちの過剰漁獲ではなく、陸域から
の汚染や海洋レジャーの増加など外部要因だとされていた（鹿熊 2006c）。セ
ントビンセントの漁業者集会でも、前半はその傾向がみられた（鹿熊 2021）。

　SCMCA では、5 カ所でスキンダイビングにより状況を確認した。これは定
量的な調査ではなく、サンゴ被度（海底面を覆っているサンゴの割合）や魚類
相の概要を確認し、聞取結果と比較するためである。現地の住民は、自分たち
の MPA の状況を実態よりも「良く言う」傾向があるため、できれば自分の目
で確かめた方がよい（鹿熊 2017a）。ガンガゼ（ウニの一種）がかなり多かった。
海藻とサンゴは光をめぐって競争関係にあるが、ガンガゼと海藻とサンゴは三
角関係にある。ガンガゼが海藻を食べることによりサンゴの生育が促進される
が、あまりガンガゼが多いと稚サンゴを海藻とともに囓（かじ）りとってしまう。
ガンガゼによるサンゴ礁荒廃の事例も多く報告されている。TNC のレポート
では、ガンガゼは多い方がサンゴの生育にはよいとされているが、これは、カ
リブ海では病気によるガンガゼの大量死の後、サンゴ礁生態系が海藻生態系へ

フェーズシフトしてしまった経験からきているのだろう。しかし、SCMCA の
ガンガゼは多すぎると考えられる（鹿熊 2021）。

　ある海域では海草藻場が広がっており、そこにはシラヒゲウニ（*Tripneustes gratilla*）に近い種（*T. ventricosus*）が多く分布していた。沖縄のシラヒゲウニは、
乱獲などにより資源が崩壊に近い状態である。セントルシアでもこのウニの漁
業は年に 3 日間しかオープンできない状態になっている。フィリピンのルソ
ン島北部では、シラヒゲウニをケージで密に養殖することにより受精率が高ま
り、周辺海域の資源が増えている（Meñez *et al.* 2008）。セントビンセントや
セントルシアでは、親ウニを海藻・海草の多い海域に密に移植することにより、
資源を増やすことができるかもしれない（鹿熊 2021）。

3.3　セントルシア

　セントルシアでのパイロット活動は、MMA における資源管理の強化と人工
魚礁 AR（Artificial Reef）の設置やサンゴ移植など里海の直接的活動になると
考えられる。セントルシアには MMA がいくつかあるが、プロジェクトサイト
として有力なのは南西部のスフレ（Soufriere）地区である。スフレは有名な
観光地であり、ゾーニングもすでにできている（鹿熊 2021）。

　AR は、日本において公共事業で設置されているコンクリート製の大型魚礁
ではなく、小さいものはシェルナースのように人力で運べる小規模なものが想
定される。メキシコでは、イセエビを対象として JICA の事業によりシェルナー
スが試験的に設置されている。また、過去にセントビンセントにおいて、マリ
ノフォーラム 21 によりイセエビを対象とした AR の設置試験が実施されてい
る（鹿熊 2021）。

　セントルシア政府はサンゴの移植に強い関心があり、スフレの MMA では
コーラルツリーと呼ばれる装置でサンゴを育成していた。海底ではなく海中で
育成することで、砂泥や食害生物の影響を軽減できる。また、流速が速くなる
ことで白化を軽減できる可能性もある。この装置で育てたサンゴを断片に分割
して移植に用いる。沖縄の恩納村漁協は、モズク加工業者や全国の生協と協働
し、鉄筋上で 4 万本のサンゴを養殖している。この養殖サンゴの成長部分を
用い、2016 年までに 3 ヘクタールの海域に 12 万本のサンゴ断片を移植した
（Higa *et al.* 2022）。これは当時、世界最大規模だった（鹿熊 2021）。

　地域住民が、地域の資源は自分たちのものであるというオーナーシップの意識をもつことは、沿岸資源の共同管理を進めていく上で重要である（鹿熊2016）。各地の漁業組合代表との話し合いでは、組合のメンバーでない人の漁獲が問題にされた。資源に影響を与えるとともに、フリーライダー（対価を支払わずに利益を得る人）の存在は管理を進める上での重大な障害となる。漁船の持主でない若い乗り手が組合員でないことも問題である。資源のオーナーシップが欠如するとともに、組合で作ったローカルルールへの関心が低くなる（鹿熊2021）。

　セントルシアでは、詳細設計調査の期間中に6カ国の代表が集まりSatoumi Workshopが開かれた。筆者は、里海概念の概要やMPAとの関連などに関して発表した。このワークショップ以外にも各国で里海概念の説明を行ったが、全般にみて好意的に受け入れられた印象を受けた（鹿熊2021）。

3.4　グレナダ

　グレナダでは、パイロット活動は定置網の導入と地曳網（beach seine）の管理になると考えられる。定置網は比較的資源にやさしいpassive（受動的）漁具であり、資源管理の代替収入源としても位置づけられる。漁獲物にマグロ延縄の活餌という明確な需要があるとともに、地域への食料・タンパク供給にも貢献する。導入する定置網は大型定置網ではなく、沖縄の建干網（潮汐を利用する移動可能な小規模定置網）のような小型定置網になると考えられる。MMAの候補地である最北端の地区と沖合のロンデ島（Ronde Island）がプロジェクトサイトになる可能性が高い（鹿熊2021）。

　定置網や地曳網の対象魚Jacksは、アジ類やヒラアジ類などアジ科魚類の総称であるが、Jacksの多くはメアジ（*Selar crumenophthalmus*）だと考えられる。メアジは沖縄の定置網で多獲される。成長が比較的速い点は資源管理に有利だが、回遊する点は不利になる。地区間の境界を越えて回遊するので、グレナダ島北部の地区だけで資源管理を行っても効果は限定される。また、来遊量に年変動があるようなので、プロジェクト4年間の管理効果は来遊量の変動にマスキング（小さな変化が大きな変化の影に隠れてしまうこと）されてしまうだろう。実際の管理効果を評価するには、もっと長い目で見るとともに、漁獲量以外の指標も使う必要がある（鹿熊2016、鹿熊2021）。

3.5　ドミニカ

　ドミニカのパイロット活動は、MMA 地区でカゴ網と地曳網の資源管理を実施する方向が想定される。ドミニカには北部と南部に 2 つ MMA があるが、南部の MMA はすでにゾーニングを終えている。北部の Cabrits 地区 MMA は、境界線は引いたもののゾーニングはこれからなので、本プロジェクトで取り組む優先順位はより高いと思われる。カゴ網の資源管理はゾーニングが中心となり、対象はイセエビ、リーフフィッシュ全般になると想定される。流されたカゴがいつまでも漁獲を続けるゴーストフィッシングが大きな問題になっている。この対策として、魚を取り出す部分のフェンスを固定するロープの材質を生分解性のものに替える方法があり、本プロジェクトで支援する方向も考えられる（鹿熊 2021）。

　途上国で沿岸資源管理を進めるには、その漁業の代替収入源対策が重要である。なぜなら、資源管理の初期には「資源が増えるまで漁獲をある程度がまんしなければならない」ことが多く、漁村コミュニティに代替収入が提供されなければ、資源管理活動を持続できないためである。JICA も、共同管理のプロジェクトでは、MPA などの資源管理のツールと生計手段多様化のツールを車の両輪として支援することが多い。ドミニカにおける生計多様化の方法としては、ソデイカのマーケティング、漁業者へのダイビング技術の訓練、カリブ海では外来種であるミノカサゴ（Lionfish）の漁獲と販促、オゴノリ（*Gracilaria*）やキリンサイ（*Eucheuma*）など Sea moss と呼ばれる海藻の養殖などが考えられる（鹿熊 2021）。

　沖縄のサンゴ礁保全では、陸域からの赤土汚染と過剰な栄養塩の流入が大きな問題になっている。これは沖縄に限ったことではなく、世界中の熱帯亜熱帯 33 地区におけるこのような問題の実態と対策が報告されている（Wilkinson and Brodie 2011）。東カリブ海でも「Ridge to Reef」（山からサンゴ礁まで）をキーワードに陸域負荷対策が取り組まれている。Cabrits 地区は陸域を含む国立公園のため、Ridge to Reef の概念を導入しやすいと考えられる（鹿熊 2021）。

4　バヌアツの豊かな前浜プロジェクト

　JICA は、バヌアツにおいて 2006-09 年に技術協力プロジェクト「豊かな前浜プロジェクト・フェーズ 1」により、バヌアツ政府水産局の貝類増養殖技術の向上およびエファテ島の村落を対象とした住民参加型資源管理に関する技術支援を実施した。2011-14 年にはフェーズ 2 のプロジェクトとして、エファテ島北西部、マラクラ島、アネイチュム島においてフェーズ 1 を発展させたプロジェクトを実施した。2017-21 年には、主な対象地域をサント島南部、タンナ島のワイシシ、エマエ島に替えてフェーズ 3 が実施された。筆者は 2013 年に、フェーズ 2 プロジェクトの中間評価、後半の活動に対する技術的指導などを目的とする運営指導調査に参加した。2016 年にはフェーズ 3 プロジェクトの詳細設計を行うための調査団に加わった（鹿熊 2017b）。また、2017 年にヤコウガイ親貝移植の効果調査を行った（鹿熊・寺島 2021）。

　バヌアツの豊かな前浜プロジェクトでは、バヌアツにおいて成果をあげただけでなく、他の熱帯島嶼国にも波及するポテンシャルのある成果として、簡易型 FAD、MPA の災害対応、ヤコウガイの親貝移植がある。このため、この 3 つの成果の概要を整理する。

4.1　簡易型 FAD

　本プロジェクトでは、沿岸資源管理の代替収入源対策として FAD を設置している。過剰漁獲の影響を受けやすいサンゴ礁漁場の資源から、やや沖合域の資源に漁獲圧を分散することをねらいとしている。

　2016 年に、バヌアツ北部に位置するサント島で Vatuika（現地語で Vatu は金、ika は魚）FAD を設置する作業に立ち会った。Vatuika FAD は、沖縄における太平洋島嶼国を対象とした研修や、沖縄のパヤオを参考にカリブ海で開発されたブイを連結する FAD を元に、本プロジェクトで設計・設置されている。設置のコストは従来の 1/10 以下（約 10 万円）になり、コンクリートのアンカーではなく 55kg の砂袋を使うため、小型の漁船でも設置が可能になった（鹿熊2017b）。

　Vatuika FAD は、サント島の南約 3.7km の位置に設置された。アンカーの55kg の砂袋 14 個は、設置の前に対象コミュニティの砂浜で、コミュニティのメンバーが砂を入れた（図 7-2）。作業時間は約 10 分だった（鹿熊 2017b）。

出典：鹿熊（2017b）

図 7-2 Vatuika FAD、作業ボートとアンカーの砂袋

設置位置の風下でフロート、係留ロープと順に投入した後、別のロープでつないだ砂袋 7 個ずつを船の両舷にぶら下げ、携帯 GPS に記録した設置位置まで移動して砂袋をつないだロープを切り投入した。小型船でも安全に設置できるように工夫されている（鹿熊 2017b）。

　サント島の水産局の事務所では、竹を使ったさらに簡易型の FAD も制作されていた。浅い海域に設置するためロープ代が安いことと、材料に中古品を使うためコストは約 2 万円とのことだった。この FAD は、沖縄での研修の一環としてバヌアツの研修員が訪れた国頭村のシイラを対象とした簡易型パヤオが元になっている（鹿熊 2017b）。

　太平洋島嶼国、特に小さな国では、FAD プロジェクトは海外からの支援で実施される場合が多い。このため、サイクロンで FAD が流失しても、高価な FAD を自国の予算、機材、人材だけで再設置することは困難なことが多かった。Vatuika FAD であれば、この困難を克服できる可能性が高い。SPC はたびたびニュースレター等で Vatuika FAD を紹介しており、今後、バヌアツだけでなく他の太平洋島嶼国にも広まっていくものと考えられる（鹿熊 2017b）。

4.2　MPA の災害対応と里海型 MPA

　2015 年の巨大サイクロン PAM によって農畜産物が大被害を受けたため、いくつかのコミュニティが MPA を一時的に解放し、災害支援物資が届くまで飢えをしのいだ。このことは、MPA の新たな利用方法として注目される。本プロジェクトサイトでは、共同管理の経験があるため、完全にオープンにするのではなく魚種や漁法をしぼり制御しながら漁業を行い、その後 MPA を再開したことも重要である（鹿熊 2017b）。

　沿海民が漁業に深く依存する熱帯島嶼国では、巨大なノーテイク（完全禁

漁）かつ周年・期限なしの MAP とは異なる MPA システムを考える必要がある。その一つに、資源・生態系の保護と資源利用のバランスをとる里海型 MPA がある。里海型 MPA にはさまざまなタイプがあるが、典型的なものは期間限定 MPA である。いくつかの太平洋島嶼国では、村落地先に期間限定の禁漁区を伝統的に設定してきた。たとえばフィジーでは、チーフの死後 100 日間、ある海域をタブー区域として禁漁にすることが古くから実施されてきた。そして、このタブーが水産資源に良い影響を与えるという知識も伝えられてきた。タブー終了時にセレモニーを開くので、その時に使う魚を確保することが禁漁の目的の一つである。沖縄の八重山の産卵期を保護する MPA や沖縄島北部の若齢魚が集まる時期だけを保護する MPA も、期間限定 MPA が効果的であることを示す事例である（鹿熊 2017b）。

　里海型 MPA は、地域住民が密接に関わる共同管理の MPA であるが、期間限定 MPA 以外にも、厳しい採捕制限がある区域とある種の漁業を認める区域を設定するゾーニングタイプの MPA、MPA の位置を動かすローテーションタイプの MPA、観光利用を認める MPA などがある。

4.3　ヤコウガイの親貝移植

　ヤコウガイ（*Turbo marmoratus*、図 7-3）は、成長すると殻高が 20cm を超える大型の巻貝で、身は食用に、殻は螺鈿（らでん）などの材料として輸出される太平洋島嶼国の重要な水産資源である。しかし、近年、太平洋全域で乱

出典：鹿熊・寺島（2021）

図 7-3 ヤコウガイ

獲により資源が減少している。バヌアツでは、資源が激減したため、2005 年からヤコウガイは全面禁漁になっている（鹿熊・寺島 2021）。

　本プロジェクトでは、2007 年に、ヤコウガイ資源が枯渇状態にあった主島エファテ島北西部に、300km 南に位置するアネイチュム島から輸送したヤコウガイ親貝 662 個体が移植された（Terashima *et al.* 2018）。筆者が 2016 年に調査した際、水産局からエファテ島でヤコウガイ資源が増えており、その原因は親貝移植ではないかと報告された（鹿熊 2017b）。しかし、これを科学的に示すデータはなかった。このため、2017 年に、ヤコウガイ資源に関する科学的調査がプロジェクト受託者や水産局などにより実施された。筆者もその一部に参加した（鹿熊・寺島 2021）。

　2003 年にエファテ島北西部で実施された調査では、ヤコウガイは発見されなかった。2011-12 年にフランスの研究機関が実施した調査では、エファテ島のヤコウガイの分布密度は MPA 内で 0.15 個体／ 100㎡、MPA 外で 0.04 個体／ 100㎡と低かった（Dumas *et al.* 2012）。全面禁漁であるのに MPA 内でヤコウガイの分布密度が高いのは、MPA は地元のコミュニティが監視を行うことが多いのに対し、MPA でない海域は、密漁が頻繁に起こったためと考えられる。また、MPA に設定した海域は、過去に好漁場だった海域が多く、ヤコウガイの生息に適していることも影響しているだろう（鹿熊・寺島 2021）。

　2017 年の調査では、親貝移植を実施した 3 海域でヤコウガイは 1.6、1.3、0.9 個体／ 100㎡ときわめて高い密度で分布していた（図 7-4、図 7-5）。また、卓越する流れの下流側でも 0.9、0.8 個体／ 100㎡と高い密度で分布する海域があった。移植した親貝はほとんど残っておらず、分布していた貝は当海域に新規加入したものと考えられる。ヤコウガイの殻高組成と成長速度から、2012-13 年頃に卓越年級群が発生し、それには移植親貝とその第二世代、第三世代の産卵が寄与したものと考えられた（鹿熊・寺島 2021）。ヤコウガイの親貝移植は、里海づくりの直接的活動として十分機能していると考えられる。

　水産資源の管理ツールには、漁具・漁法制限、禁漁期、禁漁区（MPA）、サイズ制限、漁獲量制限、免許・許可などさまざまなものがあるが、熱帯島嶼国では、MPA が最も効果的だと考えられる。その理由は、綿密な調査なしでも

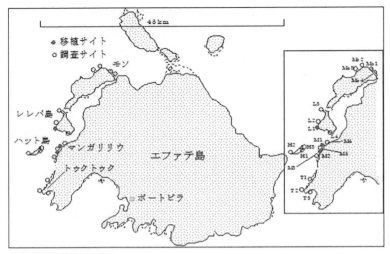

出典：鹿熊・寺島（2021）

図7-4 エファテ島のヤコウガイ移植サイトと調査サイト

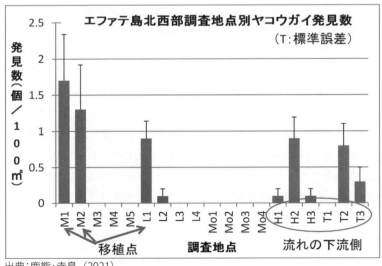

出典：鹿熊・寺島（2021）

図7-5 エファテ島調査サイト別ヤコウガイ発見数

漁業者の知識（特に重要対象種の産卵場・産卵期）を基に設定が可能なこと、熱帯の特徴である魚種の数が温帯域よりも格段に多いことに対応していること、サンゴ礁、マングローブ、海草などの生態系保全にも適用できること、様子をみて場所、面積、時期を順応的に変更できること、など数多くある（鹿熊2007）。

　MPA と呼ばれる保護区は非常に多様である。完全禁漁か一部利用を認めるか、全魚種禁漁か対象種を決めるか、周年・永久設定か季節・期間を限定するか、などさまざまである。面積も1ヘクタールに満たないものから数千万ヘクタールのものもある。しかし、大きく分けると、政府主体で設置するか地域コミュニティ主体で設置するかが重要な違いになる。コミュニティ主体の MPA は、法的根拠が弱いものの、地域コミュニティが監視を行うため効果的なものが多い。順応的な管理が行いやすく、運営コストも比較的小さい（鹿熊 2007）。

　バヌアツのヤコウガイの MPA は、コミュニティ主体の MPA である。親貝移植を行った3海域でヤコウガイ資源が増えたのは、移植親貝とその第二世代、第三世代の産卵が寄与したこととともに、移植海域が現地コミュニティのタブーエリア（MPA）に設定されており、コミュニティが監視などの管理活動をしっかり行っていたことも重要な要因となっている。他の地区では、ヤコウガイの密漁が頻繁にあったことが報告されている。2015年9月30日付けの VANUATU DAILYPOST には、日本の支援によりエファテ島のヤコウガイ資源が増えたこと、その資源が密漁で脅かされていることが記載されている（DAILYPOST 2015）。

5　おわりに

　沖縄は熱帯島嶼国と海洋環境、魚種、社会環境が似ているため、これらの国々を対象とした水産技術研修の場に適している。長年にわたる研修の結果、技術の一部は現地に定着したものもある。特に、沿岸資源管理と FAD に関する技術は、カリブ海島嶼国、バヌアツに限らず、大きな成果をあげた国も多い。今後も、熱帯島嶼国の水産技術の発展に沖縄が貢献していくことを期待したい。

6 参考文献

鹿熊信一郎（2002）南太平洋諸国と沖縄－水産分野の交流の可能性－.
ACADEMIA 76. 全国日本学士会. 38-43.

鹿熊信一郎（2006a）アジア太平洋島嶼域における沿岸水産資源・生態系管理
に関する研究－問題解決型アプローチによる共同管理・順応的管理にむけて
－. 東京工業大学.

鹿熊信一郎（2006b）パヤオは熱帯沿岸漁業の救いとなるか. Ship & Ocean
Newsletter No.131, 6-7.

https://www.spf.org/opri/newsletter/131_3.html

鹿熊信一郎（2006c）モーリシャスにおける沿岸水産資源・生態系管理の課題
と対策. 地域研究 2 号. 沖縄大学地域研究所. 223-236.

https://okinawauniversity.repo.nii.ac.jp/?action=repository_action_
common_download&item_id=759&item_no=1&attribute_id=22&file_no=1

鹿熊信一郎（2007）サンゴ礁海域における海洋保護区 (MPA) の多様性と多面
的機能. Galaxea8 巻 2 号. 91-108.

https://www.jstage.jst.go.jp/article/jcrs/8/2/8_2_91/_pdf/-char/ja

鹿熊信一郎（2016）途上国における村落主体沿岸資源管理評価ツール. 地域
研究 18 号. 沖縄大学地域研究所. 51-67.

https://okinawauniversity.repo.nii.ac.jp/?action=repository_action_
common_download&item_id=178&item_no=1&attribute_id=22&file_no=1

鹿熊信一郎（2017a）海洋保護区を管理ツールとするフィリピンの村落主体沿
岸資源管理. 国際漁業研究 15 号. 1-26.

http://jifrs.info/file/Vol.15%2CKakuma.pdf

鹿熊信一郎（2017b）バヌアツ「豊かな前浜プロジェクト」調査報告. 国際漁
業研究 15 号. 79-97.

鹿熊信一郎（2018）序章 里海とはなにか. 鹿熊信一郎・柳哲雄・佐藤哲編:
里海学のすすめ 人と海との新たな関わり. 勉誠出版. 9-25.

鹿熊信一郎（2019）日本および海外における里海の広がりと課題－地域の人
が密接に関わるアジア型環境保全・資源管理－. 地域研究 24 号. 沖縄大学
地域研究所. 41-50.

https://okinawauniversity.repo.nii.ac.jp/?action=repository_action_
common_download&item_id=76&item_no=1&attribute_id=22&file_no=1

鹿熊信一郎（2021）カリブ海諸国沿岸水産資源管理プロジェクト調査－里海
アプローチによる資源管理・生態系保全－．地域研究 26 号．沖縄大学地域
研究所．107-120.

https://okinawauniversity.repo.nii.ac.jp/?action=pages_view_main&active_
action=repository_view_main_item_detail&item_id=63&item_no=1&page_
id=13&block_id=21

鹿熊信一郎・寺島裕晃（2021）バヌアツにおける親貝移植によるヤコウガイ
の資源増殖．地域研究 27 号．1-19.

https://okinawauniversity.repo.nii.ac.jp/?action=pages_view_main&active_
action=repository_view_main_item_detail&item_id=744&item_no=1&page_
id=13&block_id=21

太田格・工藤利洋（2007）八重山海域における主要沿岸性魚類の種別漁獲量
の推定．平成 17 年度沖縄県水産海洋研究センター事業報告書.176-180.
https://www.pref.okinawa.jp/fish/kenkyu/jigyohokoku-data/
jihouh17/176-180.pdf

DAILYPOST website(2015). Available online:

https://www.dailypost.vu/news/illegal-harvesting-of-green-snail-a-major-
roblem/article_7d1e789f-00bc-5620-9b6a-9c22b5f3d138.html

Dumas P, Leopold M, Kaltavara J, William A, Kaku R, Ham J (2012) Efficiency
of tabu areas in Vanuatu. IRD (Institut de recherche pour le développement).

Higa Y, Takeuchi A, Yanaka S (2022) Connecting Local Regions and Cities
through Mozuku Seaweed Farming and Coral Reef Restoration: Onna
Village, Okinawa. In Satoumi Science; Co-creating Social-ecological Harmony
between Human and the Sea. Kakuma S, Yanagi T, Sato T Eds. Springer
Nature. 193-215.

Kakuma S, Higa Y (1995) Sedentary resource management in Onna village,
Okinawa, Japan. Workshop on the management of South Pacific inshore
resource fisheries. Manuscript Collection of Country Statement and

Background Papers vol.1. South Pacific Commission. 427-438.

Kakuma S, Sato T (2022) Prologue: What is Satoumi? In Satoumi Science; Co-creating Social-ecological Harmony between Human and the Sea. Kakuma S, Yanagi T, Sato T Eds. Springer Nature.1-17.

Meñez MAJ, Bangi HG, Malay MC, Pastor D (2008) Enhancing the Recovery of Depleted *Tripneustes gratilla* Stocks Through Grow-Out Culture and Restocking. Fisheries Science, 16(1-3). 35-43.

Terashima H, Ham J, Kaku R, William A, Malisa M, Gereva SR, Kakuma S (2018) A field survey of the green snail (*Turbo marmoratus*) in Vanuatu: Density, effects of transplantation, and villagers' motives for participation in transplantation and conservation activities. SPC Traditional Marine Resource Management and Knowledge Information Bulletin #39. Pacific Community. 15-40.

Wilkinson C, Brodie J (2011) Catchment Management and Coral Reef Conservation. Global Coral Reef Monitoring Network and Reef and Rainforest Research Centre. Townsville, Australia. https://icriforum.org/wp-content/uploads/2019/12/%20CATCHMENT%20MANAGEMENT%20AND%20CORAL%20REEF%20CONSERVATION.pdf

コラム　スマート水産業
Smart fisheries

和田　雅昭

Masaaki Wada

　ICT（情報通信技術）を漁業における資源管理や養殖業における生産管理などに活用するスマート水産業の社会実装が日本各地で進んでいる[1]。筆者らの研究グループもタブレットアプリとしてのデジタル操業日誌やセンサノード（通信機能付きのセンサ端末）としてのスマートブイ（小型海洋観測ブイ）などを開発し、北海道を中心に、滋賀県、沖縄県などでデータの見える化による生産の支援に取り組んでいる[2]。また、秋田県や三重県、山口県では、地域に形成されたコミュニティによってスマート水産業が実践されており、生産と流通の支援による持続可能な水産業が実現しつつある。こうした日本でのスマート水産業の成功事例からは、システムの提供者が構想段階から現場に足を運び、利用者である生産者らとコミュニケーションを図り、利用者目線で課題に取り組むことの大切さを学ぶことができる。

　著者らの研究グループが 2017 年から 2022 年にインドネシア共和国で実施した MICT（マリカルチャ ICT）プロジェクト[3] は、日本のスマート水産業の国際横展開である。インドネシア共和国ではマリカルチャ（海面養殖業）振興の一環として高級魚であるグルーパ（ハタ）の養殖業が営まれているが、海洋水産省によると生残率の向上が課題になっていた。2012 年に著者がバリ島の養殖場を訪問した際、ホワイトボードやノートには毎日のへい死尾数や給餌量などのデータが育成履歴として記録されていたものの、生産者によると記録したアナログデータは活用されておらず、また、生残率は 50% には及ばないとのことであった。

---

1) https://www.jfa.maff.go.jp/j/kenkyu/smart/

2) https://www.soumu.go.jp/main_sosiki/joho_tsusin/top/local_support/ict/jirei/2017_036.html

3) https://www.jst.go.jp/global/kadai/h2810_indonesia.html

　そこで、現状を把握するため、育成履歴のデジタル化から着手することにした。日本での学びを活かし、生産者とのコミュニケーションを図ることで、グルーパ向けにデザインしたデジタル操業日誌を導入した。今では、デジタル操業日誌へのデータの入力は生産者のデイリーワークとして定着しており、プロジェクト終了後も継続的に運用されているが、定着するまでには時間を要した。当初は、生産者に連絡をすると数日間はデータが入力されるものの、次第に頻度が減り、最後には入力されなくなることの繰り返しであった。継続的なデータの入力を促すため、著者らの研究グループがたどり着いた答えは、経営者とコミュニケーションを図ることであった。日本では生産者が経営者を兼ねていることが多く、生産者とのコミュニケーションの結果、経営者とのコミュニケーションも実現していた。しかしながら、インドネシア共和国では経営者と生産者は主従関係にあり、養殖場での生産者とのコミュニケーションだけでは不十分であると考えられた。経営者とのコミュニケーションは、養殖場から車で1時間ほど離れた事務所で図ることができた。その結果、経営者の立場では生残率の向上よりもストック（サイズ別のグルーパの尾数）の把握が優先課題であることがわかった。

　日本でもインドネシア共和国でも、スマート水産業の社会実装のためには、システムの提供者は利用者に対して収益の向上や無駄の削減など、明確なインセンティブを提示することが重要である。ここで紹介したインドネシア共和国の事例では、売り上げを大きく左右するストックの把握が経営者にとってデジタル操業日誌を導入するインセンティブとなっており、生産者は経営者の指示によりデイリーワークとしてデータを入力している。

　改めて日本のスマート水産業の成功事例を振り返ると、1人2役の日本の生

生簀の中のグルーパ

バリ島の養殖場

産者は、生産の安定化や経営の合理化などをインセンティブとする経営者としての視点でシステムを導入しており、生産者としてシステムを運用しているものと思われる。一方で、著者らの研究グループが目指すスマート水産業とは、個々の経営体に閉じたデータの活用ではなく、地域や国の境を越えたデータの共有によるビッグデータの生成とその活用、すなわち、データ連携が実現する持続可能な水産業である。漁業、養殖業への ICT の導入により、日本でもインドネシア共和国でもデジタルデータの蓄積が進んでいる。散在するデジタルデータを共有するため、日本では 2020 年からデータ入出力の標準化と水産業データ連携基盤の試行運用が行われている。MICT プロジェクトでは、日本のスマートブイをインドネシア共和国に導入するなど、標準化によってタブレットアプリやセンサノードが国の境を越えて相互利用できることを示した。近い将来、データの相互利用に発展することを期待している。

手書きの育成履歴

生産者とのコミュニケーション

デジタル操業日誌へのデータ入力

インドネシアに導入した
日本のスマートブイ

第 8 章 水産養殖分野での技術協力の
今後あるべき変遷について

The future of technical cooperation in the field of aquaculture

澤田　好史
Yoshifumi Sawada

1　はじめに

　日本の途上国援助は、第二次大戦後に援助を受ける側から援助する側として、1954 年に「アジア及び太平洋の共同的経済社会開発のためのコロンボ・プラン」に参加して以来、様々な分野、様々な方法でなされ、水産分野でも 1960 年代までには技術協力が開始されている（外務省 1967）。水産養殖においては、日本の海産魚類養殖技術が発達した 1980 年代以降盛んになったものと思われるが、その目的と方向性については、近年、これまでの積み上げを継続することに加えて、それまでのものとは大きく変えてゆくべき状況が生じている。

　本章では、世界の水産養殖産業の現況と今後の予測、日本の養殖を含めた水産業の現状と課題について概観し、今後の水産養殖分野での技術協力のあり方について考えてみたい。

2　世界の養殖の現況

　近年の途上国における水産養殖産業の状況を見ると、中国、ベトナム等東南アジア、西南アジアから南アジア、中南米でのエビ養殖、アフリカでのナマズ類（寺嶋・萩生田 2014）、ティラピア、東ヨーロッパでのコイ類などの淡水魚と海産魚のように、大企業による大規模養殖もあれば、それとは異なり中小企業、家族単位での中小規模から、バックヤードアクアカルチャー（backyard aquaculture）と称されるもののように更に極小（micro）規模のものまで様々に展開されている。

　一方で、先進国における養殖は、ノルウェー、チリにおけるサケ養殖、地中海沿岸ヨーロッパ諸国におけるヘダイ、スズキ、カキ養殖、地中海沿岸諸国、日本、オーストラリア、メキシコにおけるマグロ類養殖のように大・中規模に

展開されるものが主体であるが、日本では、ブリ類、マダイ等海水魚、サケ・マス養殖、アユ・ウナギ養殖、カキ、ホタテガイ、ワカメ・コンブ養殖などが、大規模から中小規模まで様々に展開されている。ここにおいても、特に大規模養殖では、日本よりも進んだ養殖技術、マーケティングを含むシステムがある。さらに、近年特に顕著な動きとして、陸上養殖の展開があり、世界の多くの国で急激に生産量を延ばしている。陸上養殖は、これまで水産養殖が不可能であった寒冷地や乾燥地帯の国や地域でも、海水を加温・冷却するための、また養殖場で使用される機械を運転するための化石燃料や地熱などのエネルギー資源が豊富であれば、将来養殖産業が大きく振興される可能性を有している。陸上養殖については、以前から存在するヒラメや淡水魚を除くと、日本においては大規模養殖が今後始まるという段階であり、その技術は、特に大規模養殖や循環濾過養殖（Recirculating Aquaculture System = RAS）においては他国に比べて遅れていると言ってよい。

　このように、世界各国のエビ類や一部の魚類大規模養殖、大規模陸上養殖における技術は、日本の技術水準を凌ぎ、かえって日本が学ぶべき技術や事業展開を有するものも多くなっている。その一方で、現在の日本の養殖技術を応用できるような、今後養殖産業の展開が待たれる国、地域も数多くある。

3　世界の水産物の需要予測と養殖の果たす役割－世界と日本

　世界人口は 2022 年 11 月に 80 億人に達し、2030 年に 85 億人、2050 年に 97 億人、2080 年代中に約 104 億人でピークに達し、2100 年までそのレベルに留まると予想されている（国際連合経済社会局 2022）。そうなると当然それだけの人口を支える食料が必要となるが、世界の食用動物タンパク質の主要部分を占める魚介類の消費量は、1 人当たりの魚介類消費量も増えているアジアを中心とする増加により、1990 年代の 2 倍以上に増えている（水産庁 2016）。

　このような人口増加と、それにともなう食料需要の増加予想に対して、世界の漁獲漁業生産量は 1990 年代から約 9,000 万トンの水準で推移し、増産が成されていない。一方で養殖産業は 1990 年代から急激に生産量を増し、食用魚類については、2016 年に漁業による漁獲量を上回り、さらに増加する傾向

を示している（FAO 2020）。今後の見通しとしても、養殖はさらなる増産が必要とされている（世界銀行 2014）。一方、日本国内の養殖生産量は、近年約 100 万トンで、生産額は増加しているものの、横ばいないしは微減の傾向にある（農林水産省統計部 2020）。また、漁業生産量は 1980 年代以降減少傾向が続いているが、生産額は 1 兆円弱で横ばいである。すなわち、日本国内では、漁業も養殖業も産業としての成長が停滞ないしは縮小傾向にある。自国の漁業、養殖業が成長産業ではなくて、そのような状況下では、これらの産業の就労人口の減少と高齢化も相まって、積極的な技術革新や設備投資、そしてシステムの改革について、進みにくい。 今後、世界をリードするような技術で、日本が世界の国々で技術協力を行おうとすると、絶えざる技術革新が必要であるし、産業のシステムを継続的に改革してゆかねばならないが、現況では、それらに対するモチベーションの維持が難しいのではなかろうか。このことは、漁業や養殖を直接担う生産者や、技術開発を行う大学や公的研究機関についても言えることであるし、水産の加工、運搬、調理（飲食）、販売、そして造船（漁船電動化など）や新規設備、また廃棄物処理の各産業分野でも同様である。

4 水産養殖分野における日本の技術協力が今後たどるべき変遷について －途上国と先進国両方への技術協力

水産養殖分野における日本の技術協力は、途上国においても先進国においても可能であるという観点から、今後の水産養殖分野での技術協力について、私見を広げさせていただく。

前節で述べたような状況で、日本が貢献できる養殖分野で技術協力のあるべき姿としては、日本が、養殖産業において、技術的にもシステム的にも他に類を見ない先進国であったときのような既存の技術の伝達ではなく、現地の状況に適合し、将来必要となる新しい技術の開発を共同で行うとともに、そこで開発された技術の日本での応用や展開を強く意識し、自国の養殖産業振興を行うということであると考える。戦後経済大国として発展してきた日本の公的機関、民間の団体が行う開発援助は、日本のプレゼンスを高めるという意味はあったとしても、これまで全くそのことからの見返りを求めない完全な無償の援助で

あることが多かったのではなかろうか。しかしながら、今後は、他国の経済、技術、政治的発展に対して、日本の人口減少、高齢化、国内総生産の長期低落傾向に見られるように、停滞している経済発展という状況を抱える日本では、むろんそれが無条件に必要な分野はあるものの、無償の援助ばかりでは継続や、援助のさらなる拡大には難しさがある。

　特に日本における水産分野では、就業人口の減少と高齢化が進んでおり、また気候変動や国際的な漁獲競争の影響を受けた漁獲の大規模変動の影響を受けて、産業としての将来が危ぶまれる状況となっている。加えて、海洋酸性化や海洋のマイクロプラスチックの広がりといった環境の悪化、さらに今後一層激しくなる他国との資源獲得競争といった問題が大きく顕在化してくるであろう。このような状況に対しては、漁家や養殖漁家といった生産者ばかりでなく、流通、加工、販売、調理、そして消費者や廃棄物業者が共通の認識として危機意識を持っている。したがって長期に亘る将来を見据えた水産業およびその関連業種の構築がまず必要である。そのためには、国内での技術開発や制度改革が必要となるが、それは国内に限った情報や議論だけで行われるのでは難しい。これに加えて漁業管理や養殖先進国の方法を参考にするとともに、途上国に既にある、あるいは今後共同で開発する技術や制度を参考にすることが必要であろう。そして、このような内容を意識した技術援助であれば、そこに注ぎ込まれる公的資金や民間の資金から得られる貴重な情報や人材を、自国の産業の将来の発展に繋げることができる。

　ここでは、これに加えて、先進国、途上国両方の開発援助先での自国の企業による事業展開も提案したい。一方的な自らの企業の利益のみを主眼とした国外での企業の事業展開ではなく、援助先の国、地域の利益と自らの利益を両立させる事業展開を、援助先の人々との共同で創意工夫して行えば、自国企業の発展と自国の人材の就業先の獲得も可能となり、将来に亘って継続的な援助も行うことが、構築される人的基盤、経済基盤、政治的基盤の上で容易となろう。特に将来を担う若い世代が、そのような場を利用して海外での援助や事業に積極的に参加することは、将来のその人物やその分野の進むべき方向を考えるうえで大変有益である。

　さらに、技術開発やシステム開発における援助は、一般に短期間では困難で

あるし、一旦開発されても、それを継続して開発・改善し続けることが必要である。さもなければ、新しい状況に適合しなくなり、それらが役に立たなくなり、再び元の状況に戻ったりして、先の援助が無駄になりかねない。これまで日本が行ってきた技術援助のように、開発の端緒を与えるだけでなく、長期に亘りそれを継続することを提案したい。ところで、継続的な援助を実施するためには、それを可能とするシステムとモチベーションが必要である。そのようなモチベーションは、勿論 " 世の中に貢献したい "、" 途上国の成長と発展に尽くしたい " といった善意、あるいは先進国の義務感によっても持ち得られるであろうが、技術援助には、多大なマンパワーと資金が継続的に必要であることから、そのような " 善意 " や " 義務感 " のみでは、長期に亘り、対象国・地域に大きな変革をもたらし、さらに自国のプレゼンスを向上するには不足するケースが多いであろう。そこには、やはり自国の人材育成や経済的利益の増大、産業振興を目的として伴うようにすることが必要である。世界第 3 位の経済大国とはいえ、国の平均的な豊かさを表す国民 1 人あたりの名目 GDP では世界 30 位で（IMF "World Economic Outlook Database、April 2021"）、他の OECD 加盟国が平均年収を増加させてきたのに対して、国民の平均年収が 1997 年の 467 万円をピークに、そこから減少の一途をたどり、2012 年に 408 万円となったのち少しずつ増加して、2020 年に 433 万円となったものの、この 23 年間にそれ以前を上回る所得が得られていない日本が、技術援助を続けるには、特にそうした点に配慮することが必要であろう。

　ここで、これまでの技術援助からはイメージしにくい、先進国における新しいかたちの技術援助について提案をさせて頂く。先進国における水産養殖の技術は、特に大規模養殖や陸上養殖において日本の技術を大きく上回っていることは先に述べた通りである。では、先進国において、自国にも裨益するような技術援助は可能なのであろうか？私は大いに可能であると考える。日本には、古くから多様で季節によって異なる水産物を生産し、加工し、流通させ、販売し、調理し、廃棄物を処理するシステムがある。その多様な食材の利用と季節感あふれる料理、健康的な食生活を支える栄養バランスなどが評価され、「和食：日本人の伝統的な食文化」は、2013 年にユネスコ無形文化遺産に登録された。この「和食」においては、動物タンパクとして魚介類が非常に重要な役割を果

たしている。そしてそれを利用した飲食業や観光業は素晴らしく発達している。コロナ禍前のインバウンドの盛り上がりは端的にそれがまた世界の人々に受け入れられ、魅了していることを示していた。また、逆に、日本食レストランや寿司などの店頭販売では、海外への進出が随分と行われてきた。ここでは、このような社会的、文化的システムを含む水産養殖の技術開発を提案したい。当然のことであるが、先進国における水産養殖生産は人々の栄養不足の解消を主眼として行われる意味合いは小さい。それよりもむしろ、新たな食文化・食生活の創造を主眼としたものであろう。そうであれば、これまで培われた日本の技術、文化、システムを応用して、それに利用出来る水産動植物の生産技術の開発と、その加工、流通、調理、販売、そして廃棄物処理の技術の開発を、その国、地域の状況に合わせて一緒に開発していくことができる。つまり、養殖の生産技術開発だけでなく、その利用技術も一緒に開発し、そして日本の企業や飲食店がそれに参画してゆくことで、日本の若い世代の教育にも有益で、先進国においても持続可能な養殖技術・システム開発が可能となろう。

5　海外での水産技術協力の実施例－近畿大学の取り組み

　ここで、近畿大学による海外水産技術協力について、著者らか実施した例を挙げて、その制度と内容について、評価できる点と反省点を述べさせて頂く。読者の方々の参考になれば幸いである。

　現在も続く日本と開発途上国との国際共同研究支援制度として、国立研究開発法人科学技術振興機構（JST）と独立行政法人国際協力機構（JICA）とが共同で支援制度を行う「地球規模課題対応国際科学技術協力プログラム（SATREPS）」がある。近畿大学水産研究所と農学部水産学科のメンバーは、パナマ共和国水産資源庁（ARAP）と全米熱帯マグロ類委員会（IATTC）を国際共同研究カウンターパートとして、2010 年から 2014 年度の期間、SATREPS プログラムの採択を受けて、「資源の持続的利用に向けたマグロ類 2 種の産卵生態と初期生活史に関する基礎研究」を実施した（写真 8-1）。ここでマグロ類 2 種というのはキハダ（*Thunnus albacares*）と太平洋クロマグロ（*T. orientalis*）である。キハダはパナマ太平洋沖で漁獲され、同国の主要な水産物となっている。また、太平洋クロマグロについては、それまで詳しい産卵生

写真 8-1　パナマ共和国ロス・サントス県アチョチネスにある IATTC 研究所での集合写真。同研究所には日本の OFCF の支援で建設されたキハダの陸上水槽があり、親魚がほぼ毎年産卵している。写真のメンバーは、近畿大学、ARAP、IATTC のスタッフ。

態や初期生活史に関する知見のないキハダとの比較対象種として、近畿大学をはじめとする日本の大学・公的機関による研究で、それらに関する知見が蓄積されている魚種として選択された。研究の手法としては、両種の産卵親魚を養成して産卵生態を明らかにすると共に、それから得た受精卵を孵化させ仔稚魚を飼育することで初期生活史を明らかにするスキームを準備した。研究課題名の「資源の持続的利用」とは、もちろん天然資源の持続的利用を指すが、その方法として、両種の適切な資源予測と資源管理に加えて、両種の資源が希少なわりに需要が世界的に高く、漁獲圧過多に陥りやすいことから、将来の天然資源に依存しない "完全養殖" に必要とされる基礎的な知見の獲得もめざした。ちなみに、パナマ共和国では、天然捕獲の幼魚や成魚を飼育するいわゆる "蓄養" は、資源保護・自然保護の観点から許可されていない。

　ところで、SATREPS プログラムでは、途上国の産業・社会の改善に科学技術協力で貢献することに加えて、自国の科学技術向上および若手研究者の育成

にも貢献するという大変 “ 欲張り ” なプロジェクト目標が設定されていた。前者は主として JICA のスキームであり、後者は主として JST のスキームであることから、両者が協定を結んで 1 つのプロジェクト目標を立てるときに、それぞれの組織の目的が合体したかたちとなったものと考えられる。

　しかしながら、私たち近畿大学は、実学を建学の精神とし、特に水産研究所は自ら養殖事業を実施することにより、教育と研究を実施してきたこともあり、その目的とするところに強く共感できるところがあったことに加えて、このプロジェクトより前には、やはり国際共同研究を大きな要素とする 21 世紀 COE プログラムおよびグローバル COE プログラムに採択されて、国際共同研究を実施してきた実績があったことも、SATREPS プログラムに応募する動機や支えとなった。また、パナマ共和国ロス・サントス県アチョチネスに研究所を有する IATTC とは、それらのプログラムのなかで、共同研究を実施し、人的な交流も実施した実績もあった。また、アチョチネスの研究所にはパナマ水産資源庁の研究員が常駐し、SATREPS プロジェクトを計画する段階で相談・協議ができたことも同プロジェクト申請に大いに役立った。

　パナマにおける SATREPS プロジェクトでは、何よりもカウンターパート機関の ARAP、IATTC のスタッフの熱意がプロジェクトを実施する大きな支えとなった。水産資源庁でのプロジェクト担当スタッフの選定には多くの応募者があり、面接を行って人選したほどであったし、担当となって頂いたスタッフには、研究での飼育実験や、プロジェクト紹介イベントの運営、そしてパナマでの生活についても色々とご協力を頂いた。その一方で大きな障害となる人事案件もあった。それは、プロジェクト途中での大統領交代の影響が政府職員にも及び、人員が交代となったことであった。プロジェクトが始まり、順調に進んでいたところで、突然リーダー格のスタッフが政府を離れたことが大きな傷手となった。その他に、待遇などの事情から私企業へ転職するスタッフもあり、人材育成の面で大きく後退することもあった。日本とは異なり、これらは途上国ではよく起こることであるかもしれないが、こういった人材育成の白紙化は予想できない大きな問題であり、一緒に育った人材を相手国でどう定着させてゆくかということも、相手任せではなく、プロジェクトでは考慮しなければならないことである。

　SATREPS プロジェクトについては、終了後も活動が継続されており、IATTC は毎夏クロマグロ初期生活史研究で近畿大学水産研究所大島実験場にスタッフが滞在し、共同研究を続けている。ARAP も同国での新たな水産技術開発プロジェクトを計画し、近畿大学からスーパーバイザーを迎えるものとして予算取りを行うところまで話が進んだものの、COVID-19 禍で申請が中断されている。しかしながら、現在も新たなプロジェクトの計画もあり、是非とも実施に漕ぎ着けたいところである。

　この他に、筆者の所属する大島実験場では、JICA による研修員の派遣を受け入れてきた経緯もある。派遣国は、マレーシア、ベトナム社会主義共和国、トンガ王国などであり、数ヶ月から、大学院修士課程の 2 年間の場合もあった。また、国際連合工業開発機関（UNIDO）の支援でイラン・イスラム共和国のマグロ漁業関係者の訪問を受けた（写真 8-2）後、同国チャーバハールなどでの養殖産業振興の可能性調査で筆者が UNIDO により派遣されたことも

写真 8-2　イラン・イスラム共和国マグロ漁業関係者が UNIDO の支援プログラムで近畿大学水産研究所大島実験場を訪問した。中央は筆者、左端は UNIDO イラン事務所スタッフ、他はイラン・イスラム共和国マグロ漁業関係者。

あった（写真 8-3）。さらに、近畿大学とアラブ首長国連邦（UAE）環境庁とは、2011 年に水産技術協力で覚え書きを交わしているほか、同国気候変動環境省および食料安全保障局とは、水産技術協力に向けての協議が行われている。また、2020 年から 2022 年までの期間で、経済産業省資源エネルギー庁の「産油国石油精製技術等対策事業費補助金（石油天然ガス権益・安定供給の確保に向けた資源国との関係強化支援事業のうち産油・産ガス国産業協力事業に係るもの）」制度の支援を受けて、UAE の Khalifa 大学、同国養殖企業の Fish Farm LLC と、「アラブ首長国連邦における食料，エネルギー生産とアラビア湾岸の環境修復を目的とする研究・人材育成」を課題名として、アラビア湾での養殖振興を、マングローブ林などの環境修復を行いながら行うための共同研究事業が実施された。これらのプロジェクトでは、4 で述べたように、相手国に裨益するだけでなく、その技術開発が自国の技術開発に応用できるように計画した。例えば UAE との共同研究事業では、研究対象とする魚種の選定において、アラビア湾の重要水産魚種のみならず日本の南西諸島にも生息する魚種あるいは

写真 8-3　イラン・イスラム共和国ペルシャ湾岸ホルムズ海峡ケシュム島近くの養
　　　　　殖場。近くに養殖魚種苗生産場があるが、種苗の安定的な量産化は不十分。

それにごく近縁の魚種とするなど工夫をしたことが挙げられる。この工夫を当初からすることで、思わぬ利点があった。それは、期間中の COVID-19 の感染拡大で人材交流が困難となるなかで、日本沿岸の魚種からサンプルを取得して、遺伝子分析などを当初の計画通り行えたことであった。これについては、やはり自国への裨益を考えてプロジェクトを行うことの重要性が実際に感じられた例となった。

6 おわりに

上記で述べた内容についての要点は次の通りである。

- 世界の漁獲量は今後大幅な増加が見込めず、水産養殖は、今後世界の食料供給において非常に重要な役割を果たすと予想される。
- 日本の水産養殖の技術、産業のシステムは、それが伝統的なものであっても、世界トップレベルの水準にあるものもあれば、他の先進的な技術やシステムに遅れを取っているものもある。
- 今後日本の水産養殖技術協力は、開発途上国、先進国の両方で行われるべきであり、両者において新しい技術、システムを共同して開発することで、自国の将来に資する新しい考え方、技術、産業のシステムを作ってゆくことができる。
- 技術協力・産業のシステム構築は、自国の産業振興と若い世代の教育をも目的としても実施されるべきである。

今後私自身は、機会があれば上記の内容で技術協力・産業システム構築を進めたいと考えているが、本章の内容がいささかでも読者の参考になるとすれば幸いである。

7　参考文献

外務省（1967）．外交青書．わが外交の近況（第 11 号）．https://www.mofa.
　go.jp/mofaj/gaiko/bluebook/1967/s42-5-4.htm

寺嶋昌代・萩生田憲昭（2014）．世界のナマズ食文化とその歴史．日本食生活
　学会誌　第 25 号　211-220.

国際連合経済社会局（2022）．プレスリリース．世界人口は 2022 年 11
　月 15 日に 80 億人に達する見込み．https://www.unic.or.jp/news_press/
　info/44737/

水産庁（2016）．水産白書．増加し続ける世界の水産物需要．https://www.
　jfa.maff.go.jp/j/kikaku/wpaper/h28_h/trend/1/t1_1_1_1.html

FAO (2020)．世界漁業・養殖業白書 2020．https://doi.org/10.4060/
　ca9229en

世界銀行（2014）．世界銀行レポート FISH TO 2030.

農林水産省統計部（2020）．漁業・養殖業生産統計．https://www.maff.go.jp/
　j/tokei/kekka_gaiyou/gyogyou_seisan/gyogyou_yousyoku/r2/index.html

第 9 章　養殖開発への協力：中南米の事例

Aquaculture cooperation in Central and South America

濱満　靖

Yasushi　Hamamitsu

1　はじめに

　筆者は、1986 年 9 月に青年海外協力隊（以下協力隊）にてボリビアのニジマス養殖普及事業に参加した。帰国後は、地元四国の養殖関連会社に就職するも、赴任先であったボリビアにおいて JICA 技術協力プロジェクトが開始され、日本人専門家チームの一員として再度ボリビアに派遣された。それを契機に現在の所属先に籍を置き、ボリビア以外の中南米各国でも JICA が実施する養殖関連プロジェクトに参加する機会を頂いた。今回、本書における中南米の養殖開発協力について紹介するという大役を仰せつかった。本稿では、まず 1980年台頃からの主だった中南米での養殖開発協力を整理し、その中で自身が派遣された 3 カ国での JICA 技術協力の事例を紹介し、それぞれについての自己評価を行いたい。そして、最後に僭越ながら、今後の JICA の養殖分野の協力に対する私見を述べたい。

2　過去の中南米の養殖開発への協力

　表 9-1 に中南米で実施された養殖分野の主だった協力案件の一覧を示した。漁業関連及び資源管理の分野は含めていない。自身の記憶と共に JICA ホームページを参考にした。[1) 2)]

　中南米における水産養殖案件の中では、チリにおける 1969 年からの個別専門家派遣によるシロザケの移植事業に始まるサケ養殖プロジェクトはあまりに

---

1)　JICA 図書館　JICA 案件配置図／終了案件（1974 ～ 2007 年度）
　　https://libportal.jica.go.jp/library/public/data/anken_end_1974-p.html

2)　JICA 図書館　JICA 案件配置図／終了案件（2008 年度〜）
　　https://libportal.jica.go.jp/library/public/data/anken_end_2008-p.html

表9-1　中南米における養殖分野の技術協力案件

開始年度	終了年度	協力形態	国名	案件名	対象種
1990	1993	技協	アルゼンチン	ネウケン州生態応用センター（CEAN）ミニプロジェクト	マス類
2002	2005	技協	アルゼンチン	ペヘレイ増養殖研究開発計画プロジェクト	ペヘレイ
	1990	無償	エクアドル	国立養殖・海洋研究センター計画（センター建設）	二枚貝・海水魚
	1994	無償	エクアドル	ババジャクタ国立アンデス養殖研究センター計画	ニジマス
1990	1997	技協	エクアドル	国立養殖・海洋研究センター計画	二枚貝・海水魚
2001	2004	技協	エルサルバドル	沿岸湖沼域養殖開発計画プロジェクト	二枚貝
2005	2010	技協	エルサルバドル	貝類増養殖開発計画プロジェクト	二枚貝
2012	2015	技協	エルサルバドル	貝類養殖技術向上・普及プロジェクト	二枚貝
2008	2014	技協	キューバ	海水魚養殖プロジェクト	海水魚
1979	1989	技協	チリ	水産養殖開発計画（サケ）	サケ・マス類
1997	2004	技協	チリ	貝類増養殖開発計画（F/U2年間）	二枚貝
2003	2008	三国研修	チリ	適用可能な養殖技術（貝類）	二枚貝
2010	2012	三国研修	チリ	二枚貝養殖のための稚貝生産技術研修	二枚貝
2011	2019	技協	パナマ	（科学技術）資源の持続的利用に向けたマグロ類2種の産卵生態と初期生活史に関する基礎研究	キハダマグロ
	1988	無償	ボリビア	水産研究開発センター計画（センター建設）	ニジマス
1991	1998	技協	ボリビア	水産研究開発センター計画（F/U2年間）	ニジマス
2015	2020	技協	メキシコ	（科学技術）持続的食料生産のための乾燥地に適応した露地栽培結合型アクアポニックスの開発	ティラピア

も有名である[3]。同事業は1979年から10年間技術協力プロジェクトとして実施された。その後ニジマスなどマス類養殖に係るチリ以外の各国での協力も行われた。ボリビアのチチカカ湖岸の水産研究センターの無償資金協力による建設とその後の技術協力プロジェクト、エクアドルにおいても無償資金協力によりニジマス種苗生産センター建設と個別専門家派遣、アルゼンチンでは育種、魚病、配合飼料の養殖分野に加え、湖沼における資源管理にかかる技術協力が実施された。

　サケ・マス類に並んで、南米で実施された養殖分野の主な対象種は海産二枚貝類である。これもチリを中心に個別専門家派遣や技術協力プロジェクトが実施された。チリではその後第三国研修として中米から南米までのスペイン語圏の国々からの技術者に対する研修が実施された。中米エルサルバドルでも貝類養殖プロジェクトが実施されたが、その際には第三国専門家や第三国研修によりチリのリソースが活用された。

　これらサケ・マス類及び貝類の増養殖に関する協力以外では、個別専門家派

3)　細野昭雄（2010）. 南米チリをサケ輸出大国に変えた日本人たち. ダイヤモンド・ビッグ社.

遣によりメキシコ太平洋側南部の研究所における海産魚類やエビ類の種苗生産への技術協力が行われ、現在のメキシコの養殖生産を支える技術者の育成につながっている。アルゼンチンはペヘレイ（*Odontesthes bonariensis*）の原産地であるが、その種苗生産技術は確立されていなかった。一方、日本ではペヘレイ移植後、種苗生産技術が開発され湖沼放流や一部養殖が行われていた。そこで、ペヘレイの里帰りプロジェクトと銘打って、ペヘレイの種苗生産技術に関するプロジェクトが実施された。ペヘレイは、トウゴロウイワシ科に属し2基の背鰭を有する。体形は紡錘形でキスに似ており、身はサヨリに似る非常に美味な魚である。エクアドルでは、エビ養殖以外の生産多角化のため、貝類養殖や海産魚（ヒラメとアカメ）種苗生産に関するセンター建設と技術協力が実施された。キューバにおいても海産魚の種苗生産技術に対する技術支援が実施された。

　2008年から開始された地球規模課題の解決と科学技術の向上を目指す科学技術協力（通称SATREPS）では、パナマでキハダマグロの種苗生産研究（第8章）、メキシコの乾燥地でのティラピア飼育によるアクアポニクスの実証試験なども行われた。

3　中南米における協力事例

　以下に筆者が参加した中南米における3つの養殖プロジェクトについて、その協力に至った経緯、プロジェクトの投入や活動内容及び成果を説明し、筆者が知りうる現時点での状況から、これら案件の自己評価を行いたい。各プロジェクトの成果は、筆者のみならず多くの日本人専門家の方々の真摯な活動、また在外及び国内のJICA関係者の方々のご支援により得られたものであり、ここでは筆者が代表する形で全体的な成果を述べさせていただく。

3.1　ボリビア国水産開発研究センター計画プロジェクト [4) 5)]

---

4)　ボリビア水産開発センター計画終了時評価調査団報告書（1996）. 国際協力事業団
　　https://libopac.jica.go.jp/images/report/P0000037037.html

5)　ボリビア水産開発研究センター F/U 巡回指導調査団報告書（1998）. 国際協力事業団
　　https://libopac.jica.go.jp/images/report/P0000001150.html

1) 協力の経緯

　ボリビアは南米の中央に位置し、周囲をペルー、チリ、ブラジル、アルゼンチン、パラグアイに囲まれた内陸国である。国土は日本の約3倍の110万平方キロメートルで、西部のアンデス高地（標高3,000m以上）、その麓になる渓谷地帯（標高2,000m程度）、そして北部及び東部に広がる亜熱帯平原や湿原（標高500m程度）からなる。アンデス山脈はボリビア国土内で東西2本に分かれ、その間に4000m以上の高原台地（アルティプラーノ）を形成している。その台地には、両山脈の氷河を源水とするチチカカ湖を中心とした閉鎖水系が形成されている。

　このアンデス高地へのニジマス移植は1943年頃とされている。チチカカ湖に移植されたニジマスは、広大な水域と豊富な餌料という好環境の中、最大で全長1.4m、体重22kgまで成長し、生産量は年間5万トンに達したものの、1960年に入ると小型化が顕著になったとの報告がある（松井、1962）。[6]

　ボリビア政府は、天然ニジマス資源が減少したことからニジマス養殖を振興するため日本政府に技術協力を要請し、個別専門家の派遣が始まったのが1977年であり、その後養殖普及のための協力隊員の派遣も1984年に開始された。ニジマス養殖普及活動が活発になる中、種苗生産の増大と普及・研修活動の拠点整備のため「水産開発研究センター」が日本政府の無償資金協力によりチチカカ湖岸に建設され1988年3月に開所された（写真9-1）。その後、同センターを拠点に、プロジェクト方式技術協力が1991年6月から5年間の期間にて開始された。

2) 協力内容と成果

　本プロジェクトでは、1) 地域水産開発研究施設としての機能強化、2) 有用魚種の増養殖技術の普及、という二つのプロジェクト目標が設定された。その上位目標は「北部アルティプラーノ地域における水産業の発展」とされていた。プロジェクト目標を達成するためのアウトプットとして次の8項目が設定された。①ニジマス種苗生産技術の安定化、②配合飼料開発、③高地に散在する小湖沼へのニジマス放流試験、④チチカカ湖在来種の生態調査、⑤水産加工品

---

6)　松井佳一（1962）. 南米チチカカ湖のニジマスについて. 日本水産学会誌　28巻　第5号　497-498

写真 9-1　ボリビア水産開発研究セン　　　写真 9-2　小湖沼に放流され天然飼料
ター全景。2002 年当時　　　　　　　　　　を捕食し成長したニジマス

の開発、⑥漁獲量・流通統計調査、⑦チチカカ湖環境調査、⑧農民への水産技術指導、である。本プロジェクトには長期専門家が 4 名派遣された。その指導科目は、チーム・リーダー、業務調整、ニジマス養殖、水産資源管理であり、当時の技術協力プロジェクトの典型的な専門家派遣体制であった。

　以下各項目における主だった活動成果を説明する。①同センター建設の基本設計書にはニジマス生産数値目標として年間 50 万尾の稚魚生産と 16t の食用魚生産が挙げられていた。プロジェクト期間中に、各項目の最大値で発眼卵 130 万粒、稚魚 30 万尾と食用魚 25 トンの年間販売量を達成した。②ボリビアは他の南米諸国と並び大豆の生産国であり大豆粕が安価に入手できる。この大豆粕を利用した魚粉代替配合飼料の開発試験を実施し、増肉単価の低い飼料処方を策定した。③農民と協同で実施した小湖沼の環境調査及びニジマス放流後の追跡調査により、ニジマス放流技術は向上し、調査実施地域ではニジマス生産が行われるようになった（写真 9-2）。④プンク（*O. luteus*）、カラチ（*Orestias agassii*）、マウリ（*Trichomicterus sp.*）といったチチカカ湖の在来魚種（写真 9-3,9-4）について種苗生産試験が実施された。さらに、外来種ではあるがニジマス以外の魚種としてペヘレイの種苗生産試験も実施された。

　⑤ニジマスの燻製に始まり、フレーク、マスのイクラなどの試作と商品化を行った。湖岸漁民に対し在来種の燻製作成のための簡易燻製機の開発と実習なども実施した。⑥流通統計調査担当者が短期専門家の指導の下、ラパス市内のニジマスを含む魚類消費動向に関して、無作為抽出した家庭へのアンケート調査を実施した。1995 年当時でラパス市の年間ニジマス消費量は約 500 トンと推定された。⑦チチカカ湖のセンターが位置するティキーナ海峡以南の小湖に

写真9-3　在来種の種苗生産試験を行った対象種。上からプンク（*Orestias luteus*）、カラチ（*O. agassii*）、マウリ（*Trichomycterus sp.*）

写真9-4　*Orestias* 属の発眼卵とふ化仔魚

4定点を設定し、毎月の水質測定を1年半実施しデータ集として取りまとめた。⑧チチカカ湖での網生簀養殖、河川水等による池養殖、小湖沼へのニジマス放流の3つの養殖形態における生産者を対象とした技術研修を、北部アルティプラーノの農村から希望者を募り無償にて実施した。プロジェクト期間中の研修生は1,000名を超えた。

「ボリビア水産開発研究センター計画」プロジェクトは、フォローアップの2年間を含め1998年まで計7年間実施され、1999年から3年間はセンターの運営能力向上とニジマス養殖普及のため個別専門家が派遣された。さらに青年及びシニアの協力隊の派遣も実施され、2005年頃にはすべての協力が終了した。1977年の個別専門家派遣から30年近くJICAからの協力が行われたことになる。

3）協力終了後の現状と自己評価

2019年暮れに私費で訪問した時には、センターの生簀の数は当時の倍近くになっており、配合飼料製造プラントが完成していた。センターでは、100万尾の稚魚生産と100トンの成魚生産、そしてその生産を支える160トンの飼料製造をそれぞれ年間目標と定め、センター自らのニジマス生産増と周辺養殖漁家への種苗と飼料提供を目指していた。

FAOの統計によれば2020年のボリビアのニジマス養殖生産量は1,500トンで、プロジェクト実施当時の500トン程度から増加しているが、自国の

需要を満たすまでには至っていない。世界有数の魚粉生産国の隣国ペルーは
50,000 トンの生産を上げており、不足分をペルーからの輸入に頼っている状
況である。

　ボリビアでのニジマス養殖の更なる発展を阻害している要因は、優良種苗と
良質な配合飼料の供給不足である。チチカカ湖の養殖環境は、ニジマスの養成
には申し分ない。技術的にも JICA のこれまでの協力によりニジマス養殖の知
識経験は幅広く伝播している。近年の政情不安定によるニジマス養殖の開発政
策を担当する行政及び現場担当の頻繁な交代や国と県の連携の悪さが好転すれ
ば、さらなる養殖生産増が望めると考えている。

3.2　エルサルバドル国貝類増養殖開発計画プロジェクト [7)]
1）協力の経緯

　エルサルバドル（以下エ国）では、1979 年から政府と左翼ゲリラ勢力の間
で激しい内戦が継続し、1992 年に和平合意に至るも多くの犠牲者と国内の混
乱をもたらした。沿岸の漁村では、内戦により内陸からの避難民等が貝採集に
参入したことから、二枚貝資源が急速に減少し、これら零細漁民の所得減少や
採貝地の遠隔化といった問題を引き起こしていた。プロジェクト対象地域のウ
スルタン（Usulután）県及びラ・ウニオン（La Unión）県を含む東部地域は、
基礎的社会インフラも他地域に比べ未整備で、社会経済開発が遅れている状況
にあり、その中でも零細漁民は特に貧困 の度合いが高い。

　このような状況下、エ国政府は水産開発局（Centro de Desarrollo de Pesca
y la Acuicultura, CENDEPESCA）を通して、ウスルタン県のヒキリスコ
（Jiquilisco）湾の奥部に所在するプエルト・エル・トリウンフォ（Puerto El
Triunfo）支所を拠点に、二枚貝類の種苗生産技術開発と漁民に普及しうる養
殖技術開発のための技術協力を日本政府に申請した。それを受けて「沿岸湖沼
域養殖開発計画」プロジェクトが 2001 年 3 月から 2004 年 2 月の 3 年間実
施された。その後続案件として、当プロジェクトが 2005 年 1 月に 3 年の協
力期間で開始され、延長期間 2 年間を含み 2010 年 1 月まで実施された。

---

7)　https://openjicareport.jica.go.jp/pdf/12028064.pdf

2）協力内容と成果

　プロジェクト目標は「適正な資源管理に基づいた貝類増養殖を中心とする生計向上モデルが提案される」であり、その上位目標は、「ヒキリスコ湾及びラ・ウニオン県の沿岸地域に、貝類増養殖を中心とする生計向上モデルが普及される」であった。

　アウトプットは、以下の4項目が設定されていた。

　①水産開発局トリウンフォ支所で、貝類種苗生産技術が確立される。

　②試験海域で、漁民に普及しうる貝類養殖技術が確立される。

　③沿岸資源の持続的利用及び漁場環境保全に関する、モデル地域住民の意識が向上する。

　④モデル・プロジェクトの実施により、貝類増養殖を中心とした生計向上のための改善策が抽出される。

　すなわち、対象種（Anadara 属2種（写真9-5,9-6）とカキ類2種）の種苗生産と養殖技術を確立しながら、貝類養殖やそれ以外の経済活動によるモデル・プロジェクトを実施し、その結果を零細漁民に普及できる生計向上モデルとして取りまとめるというプロジェクトであった。

　プロジェクト活動は、扱う対象種すなわち Anadara 属、マガキ（*Crassostrea gigas*）、イワガキ（*Crassostrea iridescens*）、そして環境教育分野ごとに担当者を決めて実施された。また生計向上モデルの作成には全員が取り組んだ。以下に各部門の成果を説明する。

写真9-5　対象種のクリル
　　（*Anadara tuberculosa*）

写真9-6　同じくカスコ・デ・ブロ
　　（*Anadara grandis*）

① Anadara 属人工種苗生産及び養殖

　当初、天然海域における採苗を試みたがその可能性は低いことが判明し、人工種苗生産に取り組むこととなった。Anadara 属 2 種の内、クリルでは産卵誘発により受精卵が獲得され種苗生産技術は確立した。カスコ・デ・ブロは、本プロジェクト期間中には産卵誘発条件を十分に確定できなかった。マングローブ林内や前浜で養殖試験を実施し月間成長率などが確認され養殖モデルの作成の根拠となった（写真 9-7）。

②マガキ人工種苗生産及び養殖

　プロジェクト開始当初は、チリから眼点幼生を導入、その段階からの飼育技術の確立を目指した。2 年間の延長期間中に、養殖試験に供された個体から選別した親貝の産卵誘発に成功し、年間 100 万個の種苗生産体制が構築された。養殖試験は、当初マングローブ林が繁茂するヒキリスコ湾内で実施したが、フジツボの付着が甚大で生残率・成長率とも低いものであった。外洋環境を有するラ・ウニオン県フォンセカ（Fonseca）湾で実施した試験例では（写真 9-8）、フジツボの付着は少なく成長も良好で養殖モデルとして取り上げることができた。

③イワガキ人工漁場造成

　本種は太平洋側の岩礁地帯の潮下帯に生息する在来種である。プロジェクト本体期間では、基質の種類や人工礁の形状の比較試験を多数実施した。延長期間において人工礁のイワガキ増殖効果評価調査を実施し、人工礁による増殖効果が推定でき、本事業も養殖モデルとして取り上げることとなった。

写真 9-7　マングローブ林前浜でのカスコ・デ・ブロ養殖試験

写真 9-8　ラ・ウニオン県のフォンセカ湾に設置した延縄垂下式のマガキ養殖システム

写真9-9　2007年に作成した2008年カレンダーの8月分。上半分が入賞した絵画作品、下部に暦と沿岸資源保全に係る説明文を記載

④沿岸資源の持続的利用啓発活動

　プロジェクト活動地域内の小学校教諭向けの環境教育ガイドブックを作成し、各学校に配布した。また2005年から3年間沿岸資源保全をテーマにした小・中学生を対象にした絵画コンクールを実施し、入賞作品を利用したエコロジーカレンダー（写真9-9）を作成し、表彰式の際に対象地域の関係者に配布した。

⑤貝類養殖を中心としたモデル・プロジェクトの提案

　前述の活動部門における養殖試験や人工礁設置試験から、貝類養殖活動による零細漁民の生計向上モデルとして、漁民向け及び普及員向けのガイドブックを取り纏めた。作成した生計向上モデルは、以下の通りである。

1. クリル人工種苗を用いた養殖事業
2. カスコ・デ・ブロ人工種苗を用いた養殖事業
3. マガキ養殖事業
4. イワガキ人工礁設置事業
5. 一本釣り漁業用人工魚礁設置事業

3）協力終了後の現状と自己評価

　本プロジェクトは、前述の通り先行プロジェクトの後続案件であり、第1フェーズでは「基礎研究」が行われ、当プロジェクトでは「技術及びモデルの開発」が行われた。貝類種苗生産及び養殖技術の開発に大きな進展を見せたが、カスコ・デ・ブロの種苗生産の技術開発が十分ではなく、クリルやマガキの大量種苗生産体制も求められ、さらに作成されたモデルを活用した普及体制の構築も必要であった。そこで、第3フェーズ「貝類養殖技術向上・普及プロジェクト」が実施されることになった。

　3つのフェーズにおける協力が終了した現在、エ国水産開発局のトリウン
フォ支所の貝類種苗生産部門では職員数は減少したものの、クリル、カスコ・
デ・ブロ、マガキの3種の種苗生産を継続している。その種苗生産量はそれ
ぞれ約100万個であり、プロジェクト実施当時を凌ぐものである。養殖種苗
として、またAnadara属においては環境省との連携により、天然海域への放
流用として販売・配布を継続している。また、近隣の中米各国への販売も行っ
ている。さらなる施設拡充や機材更新のための資金源を模索していると、現在
水産局養殖部長に昇任した元C/Pから聞くことができた。技術の定着に長期
間を要したが、その成果は十分現れたと言える。日本の協力の強みである「人
づくり」が実証された好例と評価している。

3.3　キューバ国海水魚養殖プロジェクト [8)]

1）協力の経緯

　キューバの水産業は、1960年代から1980年代にかけて旧ソ連からの燃料
や物資の供給を受け遠洋漁船団を持つまでに至り、急激に漁獲量を増大させた。
1980年代後半には漁獲量は20万トンを超え、人口一人当たり供給量も20kg
を超えていた。この豊富な原料を加工するために沿岸各地に加工施設を有する
漁業公社が建設されたが、1990年のソ連崩壊以降は、燃料や物資の供給が止
まり漁獲量は減少の一途をたどることになる。1990年代半ばから内水面養殖
と海産エビ養殖の技術開発及び普及に取り組み、養殖生産量は、2000年台に
は沿岸漁業による漁獲量とほぼ同じ2.5万トン程度に達した。

　キューバ国水産研究センター（Centro de Investigación Pesquera, CIP）は、
新たな養殖魚種として在来の海産魚の養殖技術開発を開始した。日本・チ
リパートナーシップ事業（JCPP）による協力（2000年9月から2001年9
月）の下、カリブ海域では商品価値の高いパルゴ（*Lutjanus analis*）とロバロ
（*Centropomus undecimalis*）を対象種として（写真9-10、9-11）、その活動
を開始した。当時、親魚養成までは行えるものの採卵から仔魚飼育が行える段
階で　はなく、採卵から仔魚飼育にいたる技術開発により海水魚養殖を推進す

---

8)　https://openjicareport.jica.go.jp/pdf/12234639.pdf

写真 9-10　沿岸での地引網で漁獲　　写真 9-11　ロバロ (*Centropomus*
　　　された魚類。中央の大型で背部　　　　　　*undecimalis*)。同じく地
　　　がオリーブ色、胸鰭・尻鰭・尾　　　　　引網で漁獲された個体
　　　鰭下部に赤味を持った個体がパ
　　　ルゴ (*Lutjanus analis*)

るため、わが国への技術協力を要請するに至ったものである。

2）協力内容と成果

　本案件の協力期間は、2008 年 5 月からの 5 年間であり、専門家の投入規模は短期専門家 1 名のみを海産魚の産卵期と思われる時期に 6 ヶ月程度派遣するという計画であった。プロジェクト開始直後の 2008 年 11 月 8 日に、ハリケーンがプロジェクトサイトのある、カマグエイ (Camagüey) 県南岸のサンタクルス・デル・スル (Santa Cruz del Sur, SCS) の街を襲った。パルゴとロバロの種苗生産技術開発基地であった水産研究センター SCS 支所も被害を受けた。種苗生産開発に係る活動を行いながらハリケーン被害後の施設改修や新たな機材調達を進めるためには、短期専門家 1 名体制では困難であり、施設改修を含むプロジェクトの全体運営管理と海水魚養殖全般の指導も行える長期専門家派遣が計画され、筆者がプロジェクトに参加したのは 2011 年 6 月であった。

　プロジェクト目標は、「サンタクルス水産研究センターにおけるロバロとパルゴの養殖技術能力が強化される」であり、その上位目標は「キューバ政府によりロバロ及びパルゴ養殖が事業化される」であった。アウトプット 1 は「パルゴ種苗生産技術が開発される」で、その指標として①パルゴの親魚の斃死がない、②受精卵 10 万粒の生産、③ふ化率が 50％以上となる、④仔魚生残率が 10％以上となるであった。アウトプット 2 は「ロバロ催熟・採卵技術が開

164

発される」であり、その指標は①ロバロ親魚の斃死がない、②受精卵が得られ
る、とパルゴよりハードルが低かった。アウトプット3は「水産研究センター
スタッフがプロジェクトにより開発された養殖技術を習得する」で、その指標
は、ロバロとパルゴの種苗生産及び生物餌料培養マニュアルの作成であった。

　2009年から2011年の3年間、パルゴについてはホルモン打注による自然
産卵により受精卵を得て仔魚飼育試験を行ったが稚魚生産までには至らなかっ
た。2012年2月には、浸水被害を受けた生物餌料棟の移設と親魚槽の屋根の
取り付けが終了した（写真9-12）。親魚にストレスのない飼育環境を与える
ことができ、2012年5月からパルゴにおいて自然産卵が確認され11月まで
継続し、その期間の合計で1億3千万粒の受精卵を得た。ワムシ・アルテミ
ア幼生の餌料系列による従来式集約的方法で100尾の稚魚を得ることができ
た。2013年には同じ親魚群は2月から自然産卵を開始し、11月まで継続した。
仔魚飼育試験では、大型水槽での施肥による植物・動物プランクトン（コペポ
ダ）の繁殖を促す粗放的種苗生産法により、1回の飼育で1.8万尾のパルゴ稚
魚を生産できた（写真9-13）。

　ロバロについては、親魚養成が順調に行われ2013年8月にはホルモン打
注による自然産卵にて初めて受精卵を獲得でき、パルゴと同様に粗放的種苗生
産法により3,000尾の稚魚生産が行われた。2014年にもホルモンによる産卵
誘発後の自然産卵により計画的な受精卵獲得が行えるようになった。

　プロジェクト終了時には、パルゴとロバロの種苗生産に加えて微細藻類やワ

写真9-12　トタン屋根を設置しパルゴ
　　　　の自然産卵を観察した屋外親
　　　　魚槽。屋根に加え、四方もすべ
　　　　てトタン屋根で覆った

写真9-13　粗放的種苗生産法によ
　　　　りロバロ、パルゴの稚魚生
　　　　産を実現した屋外沈殿池。
　　　　パルゴ稚魚の取上風景

ムシの生物餌料培養についても取り纏めた手引書を作成し、関係機関に配布した。

3）協力終了後の現状と自己評価

　本協力では、当初から対象2種の種苗生産に関する技術開発のみが対象範囲であった。前述の通り、プロジェクトの枠組みにおいて設定された成果及びプロジェクト目標の数値指標は生残率を除き達成できた。キューバ側は、稚魚生産の実現すなわち成果達成に十分満足し感謝の意を表しながらも、種苗から商品サイズまでの養成段階における更なる技術協力が必要であるとして、要請書を作成し日本国政府に正式要請を行ったが承認には至らなかった。

　協力が終了して6年が経過した2020年に、JICAキューバ事務所から水産研究所SCS支所の現状について以下の情報を得た。ロバロ親魚が10尾ほど飼育されていたものの、故障した機材も多く種苗生産には取り組んでいない。そこで、内水面にて養殖が行われているティラピアの海面網生簀養殖に対する協力をJICAに打診した。その理由として養殖種苗が容易に確保できること、そして養成期間も短いことを挙げた。

　現在の社会体制や経済状況に変化が生じ、四方を海に囲まれたキューバで海産魚の需要が本当に必要になった時、本プロジェクトにて発現した成果を活用して種苗生産活動を再開する動きが現れることを期待している。

4　今後のJICA事業における養殖分野の協力について

　今回紹介した筆者が参加した3案件も含め、表9-1で振り返ったように過去には、魚類他水生生物の増養殖技術開発を目指す案件は多く実施された。いずれも天然水域での漁獲量が減少し養殖生産増を目指すための養殖技術協力であった。漁獲量減少の要因は各国さまざまであり、ボリビアではニジマスの乱獲による資源量の減少、エルサルバドルでは内戦後の国内移住による貝類採捕への新規参入者の増加、キューバでは最大支援国であったソ連崩壊による社会体制の変革など、であった。種苗生産や養殖技術を定着させ安定生産に導くためには長期間を要し、プロジェクト期間中にはある程度の生産量を上げることができても、プロジェクト終了後にはそれが継続できないケースも多々見受けられたのは事実である。

　現在 JICA が実施する水産を含む農業・農漁村開発協力では、フードバリューチェーン（FVC）の中の生産段階における技術移転あるいは適正技術開発に加え、いわゆる下流部分の流通・販売段階の改善や、農漁村あるいは組合の組織強化といった側面に焦点を当てた協力が多くなってきた。これは、FVC 全体の強化への協力の有効性もさることながら、多くの国で種苗生産や養殖技術が発展し協力の必要がなくなってきたこと、また前述の通り協力期間が長期に及ぶことの多い生産技術開発への協力が採択されない結果なのかもしれない。

　しかしながら、養殖対象となる生物種の基本的な種苗生産を含む養殖生産の技術開発が十分でなく生産段階での支援を必要とする国は、いまだに多く存在すると思われる。その解決のためには、日本すなわち JICA がこれまで実施してきた現場での日本人と相手国技術者が協働で適正技術を開発する「人づくり」協力がまだまだ必要であると考える。自身の活動を例に挙げると、ボリビアとエルサルバドルの事例では、プロジェクトの現場は首都から 110km ほど離れた湖岸及び沿岸の農漁村であり、ほぼ金帰月来の勤務体制で対応した。キューバにおける現場は首都ハバナから 600km 以上離れており、数週間の滞在で現場業務を行い、首都では現場状況を反映させたプロジェクト運営業務を行った。また、「農民から大臣まで」を自身のモットーに幅広い関係者との良好な関係を保ちつつ、業務を進めることを心がけた。

　現在、サケ養殖に代表される大規模沖合養殖や閉鎖循環式陸上養殖などの技術革新は目覚ましく、日本の養殖業は海外の水産先進国に遅れをとっているかもしれない。しかし、多魚種を多様な形態で飼育する技術の豊富さと現地対応力、日本人技術者の十分な観察力や忍耐力、また現場主義を貫く共感力を持った取り組みなど、日本の養殖協力はいまだに十分な優位性を保持していると考える。

　種苗生産及び養殖段階の技術開発に関する協力においては、前述の過去の反省を踏まえ、一定期間中に確実に成果をあげ、またその持続性を確保する枠組みを十分検討する必要があると思われる。そのための重要な留意点として、慎重な日本人専門家の人選と適切な派遣時期、資機材や施設の適切な選択と投入規模、場合によっては第三国専門家の登用、成功の可能性の高い生産手法の選択、などを挙げたい。最後に、施設に関して筆者のこれまでの経験から、取水

施設は最重要部分であり、これが正常に稼働・機能しないと活動は実施できない。取水システムや設備機材及び資材の選択は、操作性やその後のメンテナンスなども十分考慮した上で実施することが望ましい。

第 10 章　マレーシアにおける養殖研究
Aquaculture research in Malaysia

川村　軍藏

Gunzo Kawamura

1　はじめに

　筆者は鹿児島大学水産学部を 2010 年 3 月定年退職，同年 6 月からマレーシア・サバ大学理学自然資源学部長を頼ってボルネオ海洋研究所に居候滞在、翌年欠員補充で教員として採用され 2021 年 9 月まで 10 年 3 ヶ月滞在した。同研究所は理学自然資源学部に所属し、水産養殖教育研究を特色とする研究所で、教員はこの特色にどれだけ貢献したかで毎年評価される。評価が低ければ研究所長から口頭で当人に伝えられ、外国人契約教員の場合は雇用契約の延長はない。筆者は一度だけ研究業績が少ないと研究所長から叱咤を受けた。

　筆者の任務は学部授業（講義と実験）、卒業研究生と院生の研究指導および自分の研究で、運営に関する会議には稀にしか出席しなかった。学生の教室での授業態度は真面目で、席は最前列から埋まり、遅刻や私語は全くなく、質問をよくするので、授業は楽しかった。

　水産養殖において生産効率を高めるには、養殖動物の生理・行動を正しく理解することが必要と古くから言われている。講義を始めて気付いたのが、マレーシアの水産養殖動物は熱帯性でありながら、熱帯性の水棲動物に関する知見、特に生理学や行動学は非常に少なく、教材は温寒帯性の水棲動物の知見に頼らざるを得なかった。筆者が最初に担当した科目は養殖動物行動生理学だったので、研究を研究所で入手可能な魚類や甲殻類の感覚と行動に特化した。研究所には魚類ふ化場と甲殻類ふ化場があり、アフリカナマズ *Clarias gariepinus*、バナメイエビ *Litopenaeus vannamei*、オニテナガエビ *Macrobrachium rosenbergii*、マングローブガニ Scylla spp. の入手は容易であった。

2　アフリカナマズの共食い阻止

　アフリカナマズ養殖生産量は世界水産養殖生産量の 0.33% を占める。アフ

写真 10-1　アフリカナマズ *Clarias gariepinus*

リカナマズはコイ類、ティラピア類、サケ類に次ぐ重要養殖種であり、マレーシアでは生産量・生産額ともに最重要種である。アフリカナマズの肉はタラ肉のように魚臭がしないうえに白いため、様々な料理に使えるので世界中で好まれて需要が高い。しかし世界のアフリカナマズ養殖生産量はなかなか伸びない。その最大の原因は感染性の魚病と共食いであると言われる。

　養殖魚の共食いは様々な魚種で見られるが、特にアフリカナマズで深刻で，孵化後摂食開始直後から共食いをする。共食いを抑制するための研究が世界中でおこなわれてきたが、決定的なものはまだ無い（全ての研究報告がNaumowicz et al. 2017 の総説に詳しく述べられている）。筆者もアフリカナマズ仔魚の共食い抑制に挑戦した。21 日間の水槽飼育で淡水飼育では生残率が 24.0% であったが、飼育水の塩分濃度を 4 － 6 ppt にすることで高い生残率（53.0 － 54.5%）を維持できた（Kawamura et al. 2017a）。しかし、この塩分濃度を維持するためには閉鎖式飼育システムにする必要があり、共食いを

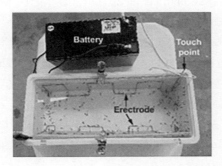

図 10-1　アフリカナマズ仔魚への電気刺激装置

完全には阻止できなかった。

　筆者はその後、アフリカナマズ仔魚の共食いを完全に阻止する方法を開発した（Kawamura et al. 2021a）。方法は簡単で 市販の６Ｖバッテリーを電源にして瞬間的な電気刺激（水中電圧 0.67 V/cm）を仔魚に与えるだけである（図10-1）。電気刺激直後から仔魚は摂食し、電気刺激の悪影響は認められなかった。７回の試行中、電気刺激後の仔魚に共食いがみられなくなり、11 日間の飼育観察で最高 96% の生残率を得た。

　電気刺激の発想は、アフリカナマズは闘争行動の時のみ生体発電器から電気を発することにある（Baron et al. 1994）。体表の電気受容器の受容閾値（13μV/cm）は非常に低い（感度が高い）ので、筆者はこの電気受容器を人工的な電気で破壊して仔魚の行動変化を見ようとした。電戟によって仔魚の共食い行動が消失する生理学的機構は不明であるが、養殖現場には十分な情報であろう。闘争時に生体発電器から電気を発するのは他のナマズ類でも知られており、この電戟方法は応用が広いと思われる。

3　アフリカナマズの色覚と摂食行動

　水産養殖の分野では飼育水槽の色や照明光の色の飼育種に及ぼす影響に関する研究が多数されている。しかし、対象種が色覚を持つか否かは研究されていない。アフリカナマズは水槽内では夜行性である、眼が小さい、摂食に選択性は無い事などから，行動において視覚は重要でないとされていた。しかし、網膜組織はよく発達し（Kawamura et al. 2016a）、脳の視覚中枢は大きく、視覚が重要な感覚であることを伺わせる（Ching et al. 2015）。

　筆者は院生の研究課題としてアフリカナマズの色覚を行動学的に（条件付け法で）実証した（Lee et al. 2014）。アフリカナマズ は薄明環境（0.01 lx 星明かりに相当）でも色を識別でき、網膜内の光反射組織である retinal tapetum が色覚感度を高めている（Kawamura et al. 2017b）。

　さらに、色の異なる５種類の水槽で稚魚の摂食行動を調べ、稚魚は背景色にかかわらず青と赤の餌を嗜好することを明らかにした（Kawamura et al. 2017c）。

4.　オニテナガエビの色覚と摂食行動

　筆者が最初に始めた研究は、オニテナガエビ仔エビの色覚と餌の色の嗜好性であった。文献によると、仔エビの遊泳は体を上下逆にして後方（尾の方）に泳ぎ、摂食には接触感覚が重要で視覚を全く使わないとあった。ボルネオでは天然のオニテナガエビが漁獲されるので養殖はされていないが、研究所のふ化場ではオニテナガエビ使った研究教育が行われている。ふ化場で見た仔エビの遊泳は、人工飼料（エッグカスタード）に向かうときは背を上にして前方に泳ぎ、明らかに眼で餌を確認して餌にしがみついていて、文献で言われている行動と全く異なった。

写真 10-2　オニテナガエビ *Macrobrachium rosenbergii*

図 10-2　水中に垂下されたビーズへの仔エビの反応行動。仔エビは黄と緑ビーズには全く集まらず、専ら青ビーズに誘引された

　筆者はこの仔エビの行動を利用して仔エビの色覚と餌の色の嗜好性を確認した。様々な色のプラスチック製ビーズ（直径 4 mm）を細いテグス糸で水槽水中に垂下し、仔エビの行動をビデオ撮影した（図 10-2）。仔エビは明らかに視覚でビーズに反応し（反応距離 20 cm）、青色ビーズを選択した。青色以外のビーズを明度の異なる灰色に変えても青色への嗜好は変わらなかった。これは明度ではなく色への反応であり、色覚をもつことは明らかであった（Kawamura et al. 2016b）。ただし、0.06 lx 以下の明るさ（月明かりに相当）では色覚を失う（Kawamura et al. 2018a）。ヒトは 0.1 lx 以下では色を識別できないので、色覚感度はヒトよりオニテナガエビの方が高い。

　色覚を調べる方法はいくつかあるが、視細胞のスペクトル感度を微小分光光度計（MSP）で調べた方法では視細胞が一種類しか見つかっていない。色を識別するためにはスペクトル感度が異なる 2 種類以上の視細胞が必要なので、甲殻類は色盲とされていた。

　この結果に基づいて、翌年同僚が青色と黄色のエッグカスタードで仔エビを飼育した結果、仔エビは青色エッグカスタードをより多く摂食することが確認され、成長率は有意に青色エッグカスタードで飼育した仔エビが高かった（Yong et al. 2018）。

　オニテナガエビは共食いするので、養殖場ではそれを阻止するために隠れ場（シェルター）を使う。シェルターは市販のプラスチックネットを材料として作製した物が使われているので，筆者は稚エビが好むシェルターの色を調べた。濃緑、薄緑、青、黒のシェルターを試したら、圧倒的に黒シェルターが好まれた（Kawamura et al. 2017d）。稚エビは負の走光性をもつので、黒シェルターはその行動と関係すると思われる。このような色の嗜好性を調べる場合、データの統計処理に筆者は Thurstone (1927) の比較検証の法則を使う。この方法は古いが、最終的に正規確率表を使うので計算が楽で使い易く、心理学の分野では今でもよく使われている。

　かつてはブラックタイガーが主養殖エビであったが、1900 年代の世界的な白点病の蔓延によって、バナメイエビが主養殖エビになった。

　バナメイエビの養殖は歴史が浅いため摂食行動がよく分かっていなかったので、バナメイエビの成エビの餌の取り方をビデオ撮影し、オニテナガエビの行

動と比較した。重要なのは摂食時の口部の動きを知ることなので、透明なガラス水槽の下に鏡を置いて水槽の下方からビデオ撮影した。

　観察の結果、両種のエビでペレット摂食行動が全く違った（Kawamura et al. 2018b）。オニテナガエビは鋏肢で口に運んだペレットを噛み砕いてすぐ呑み込むが、バナメイエビは幾つものペレットを口部付属肢で抱え込んで、口に入れたペレットを噛み砕けず吐き出すことを繰り返した（図 10-3）。歯を調べると前者では硬いが、後者では軟らかく、硬い乾燥ペレットはバナメイエビに適していないことが分かった

　この研究は "Shrimp News International" というネット新聞に 2018 年 12 月 26 日に紹介され、その後この論文を読んだ中国の餌料会社研究所からボルネオ海洋研究所に共同研究が申し込まれた。餌料開発にはこのような地道な基礎研究が必要だということが餌料会社によって認められたのだろうと思っている。この研究で知ったのだが、熱帯性エビ類の摂食行動はあまり調べられておらず、文献ではザリガニやイセエビの摂食行動から他のエビ類の摂食行動を推測している。熱帯性エビ類の摂食感覚や摂食行動は、まだ未知な部分が多い。

図 10-3　バナメイエビの摂食中の写真（下方からの撮影）
＊は吐き出したペレット餌料

5　バナメイエビの色覚と摂食行動

　バナメイエビの近縁種は夜行性で、昼間は砂中に潜る習性があるので摂食に視覚は重要でないとされ、視覚研究は行われていなかった。また生理学的研究によってバナメイエビは色盲とされていた。しかし、バナメイエビは昼夜摂食し、砂に潜る習性はない。

　水槽で行った学習実験で、一部を青く塗り、他の部位は異なる明度の灰色に塗ったパレットを使って青い部分から餌を摂るように訓練されたバナメイエビ成エビは、餌が無くても青い部分で餌を待つようになり、色覚をもつことが証明された（図10-4）（Kawamura et al. 2017e）。

　さらに、食用染料で染めた餌（エビの肉）の色の嗜好性試験では、黒、赤、緑、青の餌より黄の餌を選択して摂食した（Kawamura et al. 2018b）。これは生得的行動と思われるが、黄色い餌を生得的に好むことの生態学的意味は不明である。

写真10-3　バナメイエビ *Litopenaeus vannamei*

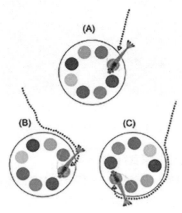

図10-4　訓練されたバナメイエビが餌が無くとも青い部分で餌を待つ行動を学習した（Kawamura et al. 2017e）。点線は行動軌跡を示す

6　マングローブガニの色覚と行動

　マングローブガニは４種類いるが、ボルネオに分布するのは３種類である。サバ州の市場では活ガニだけ売られているので、実験用の活ガニは容易に入手できる。マングローブガニは脱皮後のまだ殻が軟らかい個体が共食いの餌食になるので、共食いを阻止するために養殖水槽ではシェルターを使う。筆者の研究目的は、マングローグガニの好むシェルターの色を見つけることであったが、その為には先ず色覚を確認しなければならなかった。

　マングローグガニの一種 *Scylla serrata* の生理学的研究（MSP）では視細胞が一種類だけであるので色盲とされていたが、筆者が使った *S. tranquebarica* の視覚は調べられていなかった。このカニをバナメイエビの色覚実験と同様に訓練して色覚を確認した（図 10-5）(Kawamura et al. 2020a)。

写真 10-4　マングローブガニ *Scylla tranquebarica*

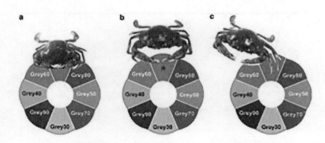

図 10-5　パレットの緑の部分から餌を摂るように訓練されたマングローブガニ
　　の行動。訓練が完成すると餌が無くても緑の部分に来て口部（a）、鋏脚（b）、
　　歩脚でパレットを触る。マングローブガニはこれらの部分に味覚器をもつ

図 10-6　実験に使ったシェルター。5 色に
　　塗装した長さ 20 cm、内径 11 cm 塩ビパ
　　イプと長さ 20 cm、内径 15 cm の透明な
　　ペットボトル（右端）。2 色の塩ビパイプ
　　シェルターを組み合わせて配置し、合計
　　15 の組合わせでシェルター内のカニの数
　　を記録した

　さらにこの種のマングローブガニを使ってシェルターの色の好みを調べた
（図 10-6）。その結果、マングローブガニは圧倒的に青シェルターを選択し，
一つの青シェルターに最大 4 匹のカニが入っていた。興色味深かったのは、シェ
ルターの外のカニは闘争行動を示すが、シェルターの中では全く闘争行動を見

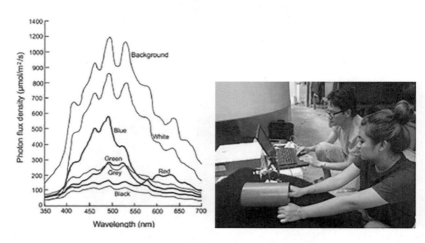

図 10-7　カニのシェルター実験に使用したシェルターの反射スペクトル（左）
　　と使用材料の光反射スペクトル測定（右）

せなかったことである。シェルターの触刺激が闘争行動を抑制すると思われた（Kawamura et al. 2020b）。

　色には光の波長で示される 色相 Hue、純度 Saturation、明度 Lightness がある。多くの論文では単に赤、青と記載していてどんな赤か青か分からない。色を正しく示すために物体の光反射スペクトルを測定しなければならない。筆者はこれを測定できる スペクトル分光測定器を鹿児島大学水産学部安樂和彦教授から借用していたので、色に関する実験では常に使用材料の光反射スペクトルを測定した（図 10-7）。後にこの測定器は研究所に寄贈された。

　近年のマレーシアのマングローブガニ養殖ではカニをプラスチックの篭や容器に一匹ずつ入れて飼育する方法が普及している（図 10-8）。これは共食いを

避けるためと、脱皮個体を直ちに取り出してソフトシェルクラブを作るためである。この方法ではカニの摂食量が少なく成長が遅いことが知られている。筆者はこの原因がストレスだと考えている。カニが好む青色の篭や容器にするとストレスが和らぐと考えて、数社に論文をメール送付したところ、礼状にはボルネオ海洋研究所と連携を保ちたいとあったが、改善についてはまだ連絡が無い。

図 10-8　屋内に重ねて並べた容器で単独飼育する方式（上）と養殖篭を水面に浮かべて単独飼育する方式（下）

7　マングローブガニの感覚器新発見

　甲殻類の感覚器はザリガニやイセエビで良く調べられているが、熱帯性のマングローブガニでは全く調べられていない。感覚を知らないと行動をよく理解できないので、マングローブガニの全付属肢の感覚特性を心電図変化を指標にして調べた（図 10-9）。その結果、マングローブガニの付属肢の感覚特性はザリガニやイセエビと異なることが明らかになり、興味深いのは遊泳脚の平らな先が味感覚をもつことの発見である。そして行動観察から遊泳脚が摂食に使われることが分かった（Kawamura et al. 2021b）。

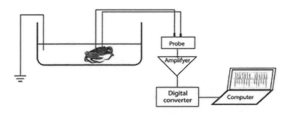

図 10-9　マングローブガニの付属肢の感覚特性を調べるための心電図記録装置。
　　　研究所にないアンプなどの機材をマレーシア・プトラ大学の知人から借用

　マングローブガニの甲羅上部表面に斑状の剛毛がある（図 10-10）。肉眼でも見える大きさで、この剛毛の刺激反応特性を心電図変化を指標に調べた結果、触刺激だけに敏感に反応する感覚器であることが分かった（Kawamura et al. 2021c）。ふ化場で飼育中の成熟ガニの行動観察では、交尾行動の前に雄が歩

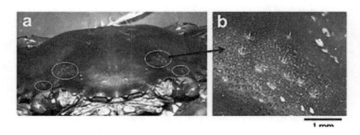

図 10-10　マングローブガニの甲羅表面の斑状感覚器。右の拡大写真はスマート
　　　フォンのカメラで撮影

脚で雌の甲羅の斑状感覚器に触る。すると雌は動きを止めて雄を受入れる。斑状感覚器は雌雄間の交尾信号受容器だろうと考えられる。マングローブガニの4種すべてが斑状感覚器をもつが、稚ガニにはまだこの感覚器が形成されていない。

8　あとがき

ボルネオ海洋研究所の研究条件は整っていて、研究費は潤沢なようだ。院生の教育システムは、主指導教員が院生の生活費も含めた全ての経費を研究費で支給する仕組みである。筆者は研究費を持たなかったので、院生指導は副指導教官としての指導だけで，論文投稿費は共著者が研究費で支払ってくれた。また、3年前から論文出版費を研究所が支払うようになり、大いに助かった。ただし、その論文が掲載された雑誌のインパクトファクターが高いものでなければならない。

筆者が扱ったのはいずれも筆者には始めての動物で、特に甲殻類の感覚器には戸惑った。甲殻類の感覚器は形態も機能も魚とは全く違っていて、昆虫のそれと似ている（例えば複眼）。ネットで文献を探して昆虫の感覚器の勉強から始めた。

卒研生は熱心で筆者は大いに助けられた。研究目的が達成されて筆者が実験終了と言っても、卒研生達は「自分はまだ納得できない」と言って実験を進めてくれた。そして自分の研究が論文として出版されると非常に喜んでくれた。筆者が書いた全論文で共著者は卒研生と共同研究者であった。筆者の研究を支えてくれた彼らに大変感謝している。コロナウイルス感染の影響で授業がオンライン授業になり、対面授業を出来なかったのが残念である。

9　参考文献

Baron, V.D., Orlov, A.A., Golubtsov, A.S. (1994). African Clarias catfish elicit long-lasting weak electric pulses. Experientia 50, 644–647.

Ching, F.F., Senoo, S. and Kawamura, G. (2015). Relative importance of vision estimated from the brain pattern in African catfish *Clarias gariepinus*, river catfish *Pangasius pangasius* and red tilapia Oreochromis sp. International

Research Journal of Biological Sciences 4, 6 — 10.

Kawamura, G., Bagarinao, T.U. Justin, J., Chen, C.U. and Lim, L.S. (2016a). Early appearance of the retinal tapetum, cones, and rods in the larvae of the African catfish *Clarias gariepinus*. Ichthyological Research 63, 536 — 539.

Kawamura, G., Bagarinao, T.U., Yong, A.S.K., Jeganathan, I.M.X. and Lim, L.S. (2016b). Colour preference and colour vision of the larvae of the giant freshwater prawn *Macrobrachium rosenbergii*. Journal of Experimental Biology and Ecology 474, 67 — 72.

Kawamura, G., Bagarinao, T., Yong, A.S.K., Sao, P.W., Lim, L.S. and Senoo, S. (2017a). Optimum low salinity to reduce cannibalism and improve survival of the larvae of freshwater African catfish *Clarias gariepinus*. Fisheries Science 83, 597 — 605.

Kawamura, G., Bagarinao, T.U., Hoo, P.K., Justin, J. and Lim. L.S. (2017b). Colour discrimination in dim light by the larvae of the African catfish *Clarias gariepinus*. Ichthyological Research 64, 204 — 211.

Kawamura, G., Bagarinao, T.U., Asmad, M.F.B. and Lim, L.S. (2017c). Food colour preference of hatchery-reared juveniles of African catfish *Clarias gariepinus*. Applied Animal Behaviour Science 196, 119 — 122.

Kawamura, G., Bagarinao, T.U., Yong, A.S.K., Fen, T.C. and Lim, L.S. (2017d). Shelter colour preference of the postlarvae of the giant freshwater prawn *Macrobrachium rosenbergii*. Fisheries Science 83, 259 — 164.

Kawamura, G., Bagarinao, T.U. and Yong, A.S.K. (2017e). Sensory system and feeding behaviour of the giant freshwater prawn, *Macrobrachium rosenbergii*, and marine whiteleg shrimp, *Litopenaeus vannamei*. Borneo Journal of Marine Science and Aquaculture 1, 80 — 91.

Kawamura, G., Bagarinao, T.U., Yong, A.S.K., Faisal, A.B. and Lim, L.S. (2018a). Limit of colour vision in dim light in larvae of the giant freshwater prawn *Macrobrachium rosenbergii*. Fisheries Science 84, 365 — 371.

Kawamura, G., Bagarinao, T.U., Seniman, N.S., Yong, A.S.K. and Lim, L.S. (2018b). Comparative morphology and function of feeding appendages in food intake behaviour of the whiteleg shrimp, *Litopenaeus vannamei*, and the giant freshwater prawn, *Macrobrachium rosenbergii*. Borneo Journal of Marine Science and Aquaculture 2, 26 − 39.

Kawamura, G., Bagarinao, T.U., Cheah, H.S., Saito, H., Yong, A.S.K. and Lim, L.S. (2020a). Behavioural evidence for colour vision determined by conditioning in the purple mud crab *Scylla tranquebarica*. Fisheries Science 86, 299 − 305.

Kawamura, G., Yong, A.S.K., Roy, D.C. and Lim, L.S. (2020b). Shelter colour preference in the purple mud crab *Scylla tranquebarica* (Fabrius). Applied Animal Behaviour Science 225, 10496. https://doi.org/10.1016/j.applanim.2020.104966

Kawamura, G., Lim, J.X., Chin, F.F., Mustafa, S. and Lim, L.S. (2021a). Possible sensory control of cannibalism in the African catfish (*Clarias gariepinus*) larvae by electrical ablation of electroreceptors. Aquaculture 542, 737870. https://doi.org/10.1016/j.aquaculture.2021.736870

Kawamura, G., Bagarinao, T.U., Loke, C.K., Au, H.L., Yong, A.S.K. and Lim, L.S. (2021b). Touch sensitive bristles on the carapace of the mud crab *Scylla paramamosain* may be receptor for courtship signals. Fisheries Science 87, 65 − 70.

Kawamura, G., Loke, C.K., Lim, L.S., Yong, A.S.K. and Mustafa, S. (2021c). Chemosensitivity and role of swimming legs of mud crab, *Scylla paramamosain*, in feeding activity as determined by electrocardiographic and behavioural observations. PeerJ 9:e11248. http://doi.org/10.7717/peerj.11248

Lee, C.K., Kawamura, G., Senoo, S., Ching, F.F. and Luin, M. (2014). Colour vision in juvenile African catfish *Clarias gariepinus*. International Research Journal of Biological Sciences 3, 36 − 41.

Naumowicz, K., Pajdak, J., Terech-Majewska, E. and Szarek, J. (2017). Intracohort cannibalism and methods for its mitigation in cultured freshwater fish. Reviews in Fish Biology and Fishereis. DOI 10.1007/

182

s11160-017-9465-2

Thurstone, L.L. (1927). A law of comparative judgment. Physiol. Rev. 34 (4), 272–286.

Yong, A.S.K., Kawamura, G., Lim, L.S. and Gwee, P.X. (2018). Growth performance and survival of giant freshwater prawn *Macrobrachium rosenbergii* larvae fed coloured feed. Aquaculture Research 49, 2815 – 1821.

第11章　フィリピン台風被災地における
災害に強い養殖技術の導入

Introduction of typhoon-resilient
aquacultare technology in the Philippines

細川　貴志

Takashi Hosokawa

1　はじめに

「すぐにフィリピンの台風被災地に来てほしい」という国際電話を綿貫氏から受けたのは、2014 年 3 月のことである。

その数か月前の 2013 年 11 月、超大型台風「ヨランダ」がフィリピン中部の島々を襲った。台風による高潮と強風は、広範囲にわたって甚大な被害をもたらした。死者は 6,300 名、行方不明者は 1,062 名にのぼり、114 万 322 棟の家屋が損壊した[1]。綿貫氏は壊滅的な被害を受けた水産業の支援活動を現地で行っていた。

私は民間企業の実務者として、日本で開発した「浮沈式生簀」を被災地に設置する支援活動に深く関与することになった。浮沈式生簀とは、台風時に生簀を海中に沈めることで、養殖施設と飼育魚の被害を回避できる技術である。本章では、2014 年から 2019 年までの間に実施した JICA による「災害に強い浮沈式養殖筏の導入による生計復興プロジェクト[2]」と「フィリピン国台風被災地における台風に強い浮沈式養殖技術の普及・実証事業[3]」の 2 つのプロジェクト（以後、2 つをあわせて養殖事業と略する）を対象として、養殖による被

---

1)　National Disaster Risk Reduction and Management Council (NDRRMC), 2014,
　　Final Report Re: effects of Typhoon Yolanda (Haiyan).

2)　JICA による「台風ヨランダ災害緊急復旧復興支援プロジェクト」の一環として
　　実施された「クイック・インパクト事業」の 1 つで、浮沈式生簀の導入による被
　　災した漁民の生計復興を目的とする。本事業も含めた全体の復興支援プロジェク
　　トの軌跡については以下を参照。見宮美早・平林淳利, 2018,『屋根もない、家も
　　ない、でも、希望を胸に―フィリピン巨大台風ヨランダからの復興』, 佐伯印刷 .

3)　JICA による民間連携事業（提案法人：日東製網株式会社、外部人材：OAFIC 株
　　式会社）で、浮沈式生簀の有効性・採算性を実証して、普及の可能性を検討する
　　ことを目的とする。詳細は以下の JICA 報告書を参照。
　　https://openjicareport.jica.go.jp/896/896/896_118_12324182.html

災地支援の取り組みを取り上げる。

　養殖事業では、フィリピン中部に位置するレイテ島とサマール島の被災した３つの漁場に「台風に強い養殖生簀」を計 52 基設置した。JICA が生簀を供与して、被災した漁民が魚を飼育・販売することで生計向上を図ることが目的である。被災地の養殖産業の復旧・復興に向けて、日本とフィリピンの多くの関係者が協力して取り組んだ。

　本章では、現地に導入した「台風に強い養殖生簀」に焦点を当て、日本で開発した技術をいかに現地で普及するか、という視点から支援の実際を説明する。その上で、災害を契機に途上国で新しい技術が普及する可能性、そして支援が終了した後も現地に定着する技術について、実務者の立場から考察する。

2　技術の導入と「現地化」

2.1 日本の技術を現地に持ち込む課題

　2014 年 4 月、私は打合せのために被災地をはじめて訪れた。台風被害から数か月が経過しているにもかかわらず、養殖場には生簀の残骸が浮かんでいた（写真 11-1）。

写真 11-1　台風で壊れた生簀

　養殖生簀の復旧・復興にあたり現地で依頼されたのは、「フィリピンで手に入る資材と現地の人員を使って、日本の台風に強い浮沈式養殖技術を導入してほしい」というものであった。生簀を製作するために日本から資材と人員を手

配した場合、コストは一気に跳ね上がる。一方、フィリピンで手に入る竹や木を使った従来の生簀では、被災地の復旧・復興のスローガンである「Build Back Better（より良い復興）」にはならない。そのような理由から、現地の資材と人員で生簀を製作することになったのである。

しかし、この依頼に対応することは容易ではなかった。日本の技術をどのようにフィリピンで再構成するか。また、日本とは異なる自然・社会で、被災した漁民に生簀を利用してもらうにはどうしたらよいのか。

生簀を設計・製作する立場としては、依頼された当初から様々な問題が想定された。例えば、フィリピン国内で適した資材が手に入るかわからないため、資材を調査するところから開始しなくてはならない。また、その資材が強度や性能的に適しているか実際に現地で使ってみないとわからない。これは設計・製作する側としてはリスクである。さらに現地の人を雇って設計どおりに組み立てることは、言語や意思疎通、技術的な理解の上からもハードルが高い。

また、養殖の対象魚や設置する自然環境が日本と異なる点も課題であった。現地では被災前から 10m 未満の小型生簀でミルクフィッシュ[4]を養殖していた。一方、浮沈式生簀は日本でクロマグロ養殖向けに開発された技術で、直径 30 〜 50m の大型生簀であった[5]。高密度ポリエチレン製のパイプ（以後、HDPE パイプ）を浮体に利用した浮沈式生簀は特許技術で、私は発明者として開発に携わっていた[6]。

フィリピンでは、HDPE パイプを使用した生簀は全国的には普及しておらず、浮沈式養殖技術もなかった。しかし、日本と同様に台風が多く、台風被害のリスク低減が養殖産業の課題になっていて、日本で開発した台風に強い養殖技術はフィリピンのニーズに適合すると考えられた。

---

4) フィリピンの魚類養殖のうち、特に重要な魚種がミルクフィッシュ（英名：Milkfish、フィリピン名：Bangus、学名：*Chanos chanos* 、日本ではサバヒーと呼ばれる）である。全国各地で養殖されている。

5) 浮沈式生簀の開発は、2008 年から 2012 年度にかけて一般社団法人マリノフォーラム 21 によって実施された水産庁補助事業「クロマグロ養殖効率化技術開発事業」で行われた。

6) 【発明の名称】浮沈式構造体【番号】特許第 5757477 号

2.2 現地でどのように生簀を製作したか

　2014年9月、私は再び被災地を訪れ、自然環境の調査を実施した。その結果から、現地の水深や潮流にあわせた養殖施設を設計した。次に生簀の組立・設置作業を実施した。生簀枠の素材は、日本と同じ HDPE パイプを使用した。現地で安価に入手可能で、台風など荒天時の波浪に高い耐久性を備える。竹や木のように数年で朽ちることはない。これを漁場に近い港で円形に加工した（写真 11-2）。

写真 11-2　パイプの円形加工

　生簀の直径は 10m である。日本では直径 20m 以上のサイズが一般的である。生簀は大きいほど容積が増え、より多くの魚を収容することができる。しかし、飼料代が増えるため多くの資本が必要となる。また、収穫時に大量に出荷すると販路の確保が困難になるため、零細な漁民でも管理しやすい大きさとした。被災地向けに設計した直径 10m のシンプルな一重の円形生簀は、フィリピンにはなかった。二重の円形生簀はあったが、付属品が多く高価であるため普及していなかった。支援が終了した 2019 年以降、すでに数十基が新規で導入されているので、現地のニーズに適合した設計であったと言えそうである。

　円形に加工したパイプは、浮力となって海面に浮かぶ。そのまま使えば通常の生簀となり、パイプに空気を入れる「給気口」と水が入る「給水口」を取り付けることで「浮沈式生簀」になる。パイプの加工には専用の機材が必要になるため、現地の HDPE パイプメーカーと協力関係を結んだ。

　浮沈するしくみは、パイプ内の水と空気の置換による。具体的には、沈下時は海面のバルブを開けてパイプ内に海水が自動的に入ることで空気が押し出されて浮力を失って沈み、浮上時はパイプ内にコンプレッサーで送気することで水を押し出して浮くというものである。沈下した生簀は、海面の「フロート」とその下の「リング」から伸びた「係留ロープ」で海中に吊り下がった状態になる（図 11-1）。生簀の沈下水深は係留ロープの長さで任意に設定できるが、漁場の水深が浅いため 3m から 5m 程度とした。

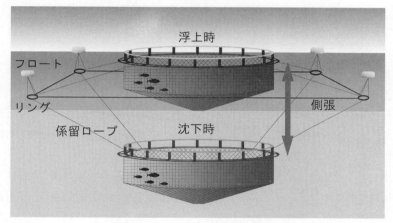

図 11-1　浮沈式生簀の概念図

　生簀網は、フィリピンで手に入る漁網やロープなどの資材を購入して現地で仕立てた。生簀網の下部には、現地で製作したコンクリートブロックを吊り下げ、潮流による生簀網の吹かれを防ぐ設計になっている。また、生簀枠は「側張」と呼ばれるロープとフロートを使った格子状の係留システムに入れ、四隅を係留ロープで固定する。この方法は波浪に強く、日本では一般的であるが、被災地では普及していなかった。従来の方法は、生簀枠が海底のコンクリートブロックと直接ロープで結ばれているため、時化の際に生簀枠に直接的に力がかかってしまい、破損する原因になっていた。

　上記の製作・設置には、養殖事業にこれから参加する現地の漁民を雇用した。これは賃金を払うことで被災した漁民の生計向上を支援するだけでなく、養殖施設や浮沈式養殖技術のしくみを理解してもらうことにも効果があった。また、

養殖技術を身に付ければ、網が破れた際に自ら修理したり、新しい生簀網を仕立てたりすることもできる。このように準備段階から漁民に参加してもらうことで、養殖技術の習得にも貢献した。

2.3 技術の現地化のプロセス

　以上のように、日本の技術をそのまま被災地に持ってきたのではなく、被災地の自然・社会にあわせて設計し、現地の資材と人員で製作した。しかし、実際に養殖活動を開始すると様々な問題が発生して、多くの修正を余儀なくされた。また、実際に使っていくなかで、より現実的な技術へと変化していった。以下では養殖施設の変化のプロセスについて例を示す。

網を損傷しない天井網のデザイン

　浮沈式生簀の上部には、沈めた際に魚が逃げださないように、生簀枠と同じ直径 10m で、生簀網と同じ目合の「天井網」という蓋網を取り付ける必要がある。また、天井網には、浮上時に生簀のなかの魚が生簀枠を飛び越えて外に逃げたり、鳥に食べられたりすることを回避する目的もある。

　当初の設計では、天井網は水面に浮いている状態であり、魚の逃亡を防止するにはこれで十分であった。しかし、給餌の際に餌をめがけて突進し、天井網に突き刺さることで斃死する魚が観察された。そのため、天井網を水面から離す必要性が生じた。

　漁民は自主的に天井網の改良を行い、様々な方法で網が水面に付かないように工夫していった。例えば竹竿を組んで上に網をのせる方式（写真 11-3）、天

写真 11-3　竹竿式　　　　　　　写真 11-4　プラスチックドラム式

井網の内側中央に、縦に配置したプラスチックドラムを浮かべ、その上部を天井網に固定して、そこから張り下ろしたロープの上に網をのせる方式（写真11-4）などである。

　竹竿を組んで上に網をのせる方法は、強い波浪に見舞われると竹竿が割れて網地を突き破る可能性がある。漁民による様々な工夫のなかから、私は最終的にプラスチックドラム式が現地に適した方法と判断し、以後はこの方法を設計に採用することにした。プラスチックドラムは現地のガソリンスタンドで安価に入手できる。2019年に事業が終了した時は、すべての生簀でこの方式が使われていた。これは漁民による工夫のなかから生まれた技術の例である。

リングの素材

　2017年9月に、台風シーズンに備えて生簀の総点検を実施した。養殖施設は2014年に設置済みで、すでに3年が経過していた。水中で養殖施設の点検をすると、係留システムと連結しているフロート下の鉄製リングに劣化が見つかった。リングには養殖施設を固定するアンカーロープと生簀枠を固定する係留ロープが結束されており、養殖施設全体の形状を保つ重要な役割がある。

　リングは現地で鉄の棒を溶接して製作されたものである（写真11-5）。貝類や藻類が大量に付着しており、ダイバーが取り除いて状態をチェックすると、腐食が進んでいた。また、溶接部が破損しているリングも見受けられた（写真11-6）。リングが壊れると全体の形状が崩れ、養殖施設の流出など大きな被害につながる恐れがあった。

　リングを交換しても同じ問題が生じる可能性が高いため、別の素材にしなくてはならない。この問題に対して、漁民のアイデアから中古タイヤを利用した

写真11-5　鉄製リング　　写真11-6 リングの破損　　写真11-7 タイヤリング

190

新しいリングが考案された（写真 11-7）。中古タイヤの再利用はフィリピンでは一般的で、養殖施設を固定するコンクリートブロックに半円状に埋め込み、そこにアンカーロープを結んでいたことから、強度と耐久性も確認されていた。こうして漁民のアイデアにより鉄から中古タイヤのリングに設計を変更した。

急潮対策のキャンバスシート

　2018 年以降、漁場では生簀枠に長さ 5m、高さ 3m 程度のキャンバスシート（厚地の布）を吊り下げるようになった（写真 11-8）。これは潮流から生簀内の魚を守るためのもので、自治体の水産担当者が考案して取り付けたものである。潮が向かってくる方向に対して吊り下げると、シートの後ろ側では潮の勢いが緩やかになる効果がある。シートを設置する前は、遊泳力が弱いミルクフィッシュの稚魚の斃死が頻繁に発生していたが、設置してからは減少した。この方法は、潮流による稚魚の斃死という問題に対して、現地の試行錯誤から生まれたものである。

写真 11-8　潮流対策のキャンバスシート

監視小屋

　養殖施設の設置から 4 年が経過した 2018 年には、円形生簀 4 基を 1 人の飼育担当者が管理するスタイルが定着した。4 基の生簀の中央には監視小屋があり、当面の飼料を貯蔵している。監視小屋と各生簀は木製の板の桟橋でつな

がっていて、歩いて生簀に渡って給餌できるようになっている（写真11-9）。

写真 11-9　監視小屋と生簀

　飼育担当者は監視小屋で暮らしており、日常の給餌作業や盗難の監視をしている。監視小屋は、木や竹で組んだ筏に浮力となる複数のフロートを取り付けて海面に浮かべ、その上に合板とニッパ屋根葺きの建物が設置されているのが一般的である。2019年の事業終了時には、屋根にソーラーパネルを付けて電気が使えるようになっていて、犬や家畜を小屋で飼いながら家族で暮らす飼育担当者もいた。

　当初、私は監視小屋について不要なものと考えていた。2014年6月に私から関係者に宛てたメールでは、監視小屋について以下のように語っている。

　　「生簀中央にある監視小屋は文化的に必要なのでしょうか。日本には決
　　　してないもので、必要とは思えません」

　養殖事業の計画の際、漁民から監視小屋について要望が出ていたにもかかわらず、費用が余計にかかるため私は監視小屋を設計から外すことを決めた。しかし、養殖活動が開始された後、漁民は自ら費用負担をしてまで監視小屋を次々と設置していったのである。その時になって、私はようやく監視小屋が地域の文化・社会にとって必要なものであることに気が付いた。監視小屋は生簀内の飼育魚の盗難防止に加えて、日々の給餌や養殖施設のメンテナンスなど、生簀

の管理を生業とする人が海上で暮らすために必要不可欠なものであった。以後は、最初から設計のなかに監視小屋を組み込み、養殖施設とセットにした。これは自文化を中心に必要な技術を考えてしまった反省点である。

　以上、養殖施設の技術的な変化について見てきた。漁民に利用されるなかで他にも様々な改良が加えられ、バージョンアップしていった。これらの変化のほとんどは、漁民が実際に利用しながら主体的に変化させたもので、私はそれを設計に反映していった。

　上記は技術の「現地化」のプロセスとも言うことができる。日本で開発した技術をそのまま持ち込んだだけであれば、おそらく長期間にわたり利用されることはなかっただろう。できるだけ現地のニーズにあわせてモノを作り、それを実際に使いながら改良を繰り返し、より現実的な技術へと変化していったことで現地に定着した。重要なことは、利用者である漁民との信頼関係を構築し、彼らの声に耳を傾けることである。実践のなかから生まれた技術は持続的なものが多い。そのような技術は「支援する側」の押しつけの技術ではない。また、技術の変化を許容し、利用者側が創意工夫する余地を設計に含めることで、より良いものに更新していく。外から入ってきた技術を定着させるには、モノを供与して終わりではなく、ある程度の修正する時間と予算をもって、技術を検証しながら現地にあわせて最適化するプロセスが必要と言えるだろう。

3　自然災害と技術の普及

3.1 地域社会の理解と技術的なアプローチ

　フィリピンは日本と同様に台風が頻繁に直撃する地域である。養殖産業にとって台風は大きなリスクとなっている。

　被災地では、2013年の台風ヨランダと翌年の大型台風によって、甚大な被害を受けた。以後、2016年、2017年と台風による被害は毎年のように発生している。養殖施設と飼育魚を同時に失うこともあるため、養殖業者は台風リスクを恐れている。2013年の台風被害の後、多くの養殖業者が廃業したため、飼育担当者として雇われていた漁民は生計手段を失うことになった。このように台風リスクは養殖産業の成長を阻害する要因になっている。

　そこで養殖事業では、台風に強い養殖技術を導入することで、台風リスクの

低減を目指してきた。具体的には、台風が来たら生簀を沈めて波浪による被害を回避することである。これは台風に対する物理的な対策といえる。

　一方、台風対策には別の方法もある。台風の被害を受けると、養殖施設だけでなく、これまで餌を与えて育ててきた飼育魚も失うことになり、出荷直前の時期に被災すれば損失は特に大きい。このため台風シーズンの 10 月から翌年 2 月にかけて、養殖活動を休止したり、生簀に入れる稚魚の数を少なくしたりすることで、被害を最低限に抑える養殖経営者も多い。

　リスク回避の方法は他にもある。2013 年の台風被害の前に現地で普及していた養殖施設は、竹や木を組んだもので、台風によってほとんどが破壊された。台風の後、フィリピン政府は耐久性の高い HDPE パイプ製の角形生簀枠を多数支援した。それにもかかわらず、小規模な養殖業者では竹や木の生簀を使用している者が少なくない。この選択は一定の合理性をもったリスク回避の戦略と見ることができる。すなわち、台風リスクを施設の強靭化によって防ぐのではなく、あえて安価な養殖施設を設置して、壊れた場合でも損失額を最小限に抑えて、すばやい復旧を図るという戦略である。

　このように地域社会の多様な考え方や価値観を理解し、それにあわせたハード・ソフトの技術的なアプローチを提案することが求められる。現地で受け入れられるためには、無理のない価格と仕様、管理方法で設計し、セミナーなどを開催して広く説明する必要もあるだろう。養殖施設と飼育魚を守るために浮沈式生簀を選択するようになれば、台風リスクが高まるなかでも安心して養殖が可能になり、同時に被災地で技術の普及が進むものと考えられる。

3.2「技術が普及する機会」としての災害

　台風の被害は、新しい技術が一気に普及する機会にもなった。はじめに船の変化について見ていきたい。フィリピン政府は、漁業復旧プログラムを立ち上げて、被災した漁民に対して小型の船を大量に供与した。被災地では多くの船が被害を受け、漁民は漁に出られなくなっていた。

　フィリピン政府や多くのドナーが復旧・復興に向けて漁民に供与した船は、FRP（強化プラスチック）製のものが多い。台風被害の前までは、木製の船が主流であったが、漁船の底板には特別な木材が必要で、違法な伐採を防ぐため

194

にフィリピン政府によって規制され、入手が困難になっていた。FRP 製の船は木製の船に比べて重いが頑丈である。

　結果として、被災地では台風ヨランダを契機として、FRP 製の船が普及していった。台風の被害がなければ、このような技術の転換までには、長い年月を要することが予想される。この技術的な変化は、被災前に比べてより良いかたちで復旧・復興する「Build Back Better（より良い復興）」の好例と考えられる。以後、自然資源に頼らず、長期間にわたって使用できることから、被災地ではFRP 製の船が日常的に使われるようになった。

　一方、支援によって一気に普及することの問題点もここで指摘しておきたい。O'Neill ら [7] は、2013 年の台風被害を受けて小型の船の支援を受けた町で、漁業者の競争が増している問題を報告している。台風前には 1,000 隻しかなかったところ、NGO による漁船の供与を管理できず、台風後には 2,000 隻以上に増加したという。船の供給過剰は乱獲による水産資源の減少にも結び付くことから、技術の普及が地域社会に悪影響を及ぼさないように注意する必要がある。

　ところで、台風の被害を契機として一気に変化したのは、漁船だけではない。養殖施設の素材も変化している。台風被害前の被災地の養殖施設は、竹や木、金属製の生簀が主流であったが、被害後には HDPE 製の角形生簀が一気に普及していった。これはフィリピン政府が従来の竹や木、金属製の生簀では耐用年数が短く、台風のたびに壊れるため、耐久性の高い素材に変えることを推進していたことが背景にある。結果、船と同様にフィリピン政府の支援を受けてHDPE 製の生簀の普及が被災地で一気に進み、同じく HDPE 製のパイプを使った浮沈式生簀の導入の追い風にもなった。

　自然災害は、これまで人びとが積み上げてきたものを破壊する一方で、新しい技術を普及させる機会にもつながる可能性があると言えるだろう。上記の船と生簀の例は、変革の必要性が人びとに意識されながらも、従来の技術のままでも使えていたところ、被害を契機として、支援を受けて一気に普及が進んだと見ることができる。このことは、災害をうまく利用できれば、復旧・復興の

7)　O'Neill, Elizabeth D., Beatrice Crona, Alice Joan G Ferrer and Robert Pomeroy, 2019, "From typhoons to traders: the role of patron-client relations in mediating fishery responses to natural disasters", *Environmental Research Letters*, 14, 1-10.

段階で「より良い復興」として次の災害に備えることができるということを示している。そのような視点から技術の普及について考えると、どのような技術が現地で求められているのかを見極めることが、実務者にとって重要な仕事になると言えるだろう。

4　おわりに：自然や社会のしくみにあわせてモノを作る

　以上、フィリピン台風被災地で、現地の自然・社会にあわせて養殖施設を設計し、実際に使用するなかで技術が「現地化」していくプロセスを説明した。また、地域社会にあわせて技術的なアプローチを提案すること、そして「災害」を途上国で新しい技術が普及する機会としてとらえることで、「より良い復興」に向かう可能性があることを示した。最後に本章のまとめとして、支援が終了した後も現地に定着する技術について、実務者の立場から考察したい。

　途上国にはどのような技術を支援すべきなのだろうか。単に日本の技術をそのまま持ち込んだだけでは利用されない可能性が高い。本事例では、現地の資材と人材で養殖施設を製作・設置した。そして約 5 年間にわたる事業期間のなかで技術の「現地化」が進み、現地に定着していった。

　先進国から途上国に移転される技術の問題は、「適正技術とは何か」という問いとして議論されてきた。このような適正技術論は、シューマッハーの中間技術論[8] を契機として、その重要性が高まった。田中[9] は適正技術について、国際協力にかかわる人びとの多くが、素朴で簡素、安価であるが、低レベルの技術を指しているとの考え方があり、そのことが適正技術の発展を妨げてきたと指摘している。

　適正技術は、地域社会の固有条件に適合したものを開発するという技術的方向性としてとらえることができる。それは「支援する側」の目が向きがちなハードだけではなく、ソフトも含めた技術である。

---

8)　シューマッハーは、途上国の技術を「1 ポンド技術」と呼び、先進国の技術を「1,000 ポンド技術」と比喩的にとらえ、その中間に位置する「100 ポンド技術」が支援する上で好ましいとした。Schumacher, Ernst F., 1973. *Small is beautiful-A Study of Economics as if People Mattered,* London: Blond & Briggs.

9)　田中直 , 2017,「適正技術の今日的意義と蘇生」,『国際開発研究』26-2: 7-17.

　中島[10] は、アフリカ・ケニアの近代的な水道施設や共同井戸について、ほとんどの小さな町や農村部で満足に機能していないか放置されていることを指摘し、ハード（近代的技術）だけでなく、ソフト（運営・維持が可能な財政収入や人的能力）の保証が重要だと述べている。

　また、佐藤[11] は、支援される側にとって明らかに役に立ち、普及が期待できるはずの技術であるのにそれを受け入れず、計画したことが「想定外」の結果となる問題について言及し、それは社会的な文脈を無視して支援する側の都合で単純かつ技術的な問題として解決しようとしたために生じると述べている。

　さらに、アッポフ[12] は、プロジェクトの計画者に共通する問題点として、地域住民の技術的な知識への過小評価を挙げ、地域住民の意見や彼らがもともと有する技術に目を向ける必要があると指摘している。

　これらの事例は、プロジェクトを成功に導く上で、現地の人びとの考え方を包摂するアプローチが重要であることを示している。では、日本の技術を現地に定着させるためには、具体的にどのような支援活動を行えばよいのだろうか。本事例から得られた知見は以下の 3 点である。

　第一に、「現地で受け入れられる無理のない価格と仕様、管理方法にすること」である。安価であることももちろん重要であるが、費用対効果として無理のない価格であることが求められる。同時に管理方法が容易である必要がある。これは低レベルの技術を指してはいない。その技術を維持するためのしくみが複雑なものではなく、何かあった時に現地で対応できるものである。不具合の度に日本から資材や人員を派遣するような技術は、事業が終わればすぐに維持が困難になる。そうではなく、終了後も現地で管理・運営できる仕様を計画段階

10）　中島正博 , 1989,「適正技術と受益者参加―民生向上を目指す開発のためのアプローチ」,『アフリカレポート』9: 32-37.

11）　佐藤仁 , 2016,『野蛮から生存の開発論―越境する援助のデザイン』, ミネルヴァ書房 .

12）　Uphoff, Norman, 1991, "Fitting projects to people", in Michael M. Cernea ed., *Putting People First: Sociological Variables in Rural Development* (second edition), Washington, D. C.: The International Bank for Reconstruction and Development/ The World Bank: 467-511. = " 開発援助と人類学 " 勉強会訳 , 1998,「プロジェクトを人々に合わせる」, チェルネア編 ,『開発はだれのために―援助の社会学・人類学』, 日本林業技術協会 , 333-367.

から設計することが、支援した技術が持続可能なかたちで運用される上で重要となる。

　第二に、「利用者と対話してモノを作ること」である。「支援する側」の視点だけで設計すると、必ず何らかの問題が生じる。一方で、漁民から内発的に出てきたアイデアや工夫は、現地でその後も定着する技術となる。これは現地で実際に利用することでしか作り上げることはできない。したがって、一定の期間をもって問題を修正していくプロセスが必要であり、支援したモノはその積み重ねによって現地に適合した技術へと収斂していく。

　第三に、「技術の背景にある人びとの合理性や多様性を理解した上で、新しい技術を提案すること」である。養殖施設の場合、彼らの考え方や価値観を理解して設計に反映させる必要があった。台風被害の前からある竹や木の生簀といった在来技術は、必ず何らかの続いてきた意味がある。また、そのような背景から、在来技術を新しい技術に変更することは容易ではない。さらには、新しい技術に変更する必要性自体を「支援する側」は最初に問う必要があるだろう。

　本事例で見てきたように、支援は現地の自然・社会に適合した技術として考慮されなくてはならない。その場合、地域固有の自然・社会のしくみにあわせてモノを作る姿勢が重要になるだろう。そして「支援する側」が現地の人びとと信頼関係の上で協力しながら一緒にモノを完成に近づける「共創」が求められる。

　途上国で普及する技術とは、「支援する側」の押しつけの技術でも単純に低レベルの技術でもない。利用者の生活世界にあわせた技術である。また、一定の期間を経て地域固有の条件に最適化、すなわち「現地化」した技術で、事業が終わった後も利用者によって独自に変化していけるような柔軟さをもった、現地の人びとに寄り添った技術であるべきであろう。

第 12 章　自然災害と水産業
Natural disasters and fishing industry

荒木　元世
Motoyo Araki

1　はじめに

　筆者は災害復興支援や都市開発計画の業務において防災計画や都市計画の専門家として避難計画や土地利用計画の支援に携わってきた。漁業の専門家ではないため、水産業に特化した内容ではないかもしれないが、海岸沿いの地域を安全で魅力的かつ防災・減災対策が水産業復興にもつながるという観点から、フィリピンで携わった台風からの復興プロジェクトの事例を紹介したいと思う。

2　自然災害と沿岸地域～まちづくりの観点から

　漁業に携わる方々は海岸の近くに住んでいる。特に発展途上国では交通手段が発達していないこともあり、生業の地の傍に住まないと生活が成り立たないという事情もある。また、沿岸地域には都市が発展していることも多く、特に海岸付近で違法居住をしている人々は、漁業以外の仕事も兼務しながら生計を立てているため、都市から離れると生活が成り立たない。しかし、海岸沿いの地域は台風による高潮等の被害を受けやすく、また、海底で地震が起これば津波の被害を受ける可能性もある。行政としては、このような危険から住民を守る対策を打つ必要があり、「移転」「土地利用」「構造物」「避難」等をバランスよく組み合わせて実施することが望まれる。

　理論的に一番簡単な方法は、被災しやすい場所に住ませないことである。つまり、海岸からある程度離れた内陸に住むか、海岸沿いや河川沿いであっても少し高くなっているようなところに住んでもらう等である。従って、もし既にそのようなエリアに住んでしまっている場合は、「移転」により生活の場を物理的に移動させ、被災しやすい場所から離れる、という対策が考えられる。もし、そのような地域にまだ居住者がいない状況であれば、ここには住んではいけない、という規制をかけて、ルール上住めない様にしてしまうという「土地

利用」による対策をとることが可能である。しかし、既にそのような地域に密集して多くの人々が居住しており、また移転するような代替地を確保するのも難しいような場合は、防潮堤等の「構造物」によって物理的に守る、という対策を考える必要がある。

　これらの移転や土地利用規制、構造物による対策は、命だけでなく住宅や財産もある程度守ることが可能な対策である。しかし、これらのどの対策もとることが出来ない場合、また、想定した状況を超えるような自然現象が起きる場合には、「避難」行動により命を守るための対策をしておかなければならない。発展途上国では、構造物対策を施すことは多額の資金がかかるため、高潮などの被害に遭うと海岸沿いの（特に違法に居住を続けている）住民に対して移転の方針が出され、内陸に立ち退くことを求められることが多い。しかし、前述のように、そのような地域に住む人々は都会から離れてしまうと生活が成り立たなくなってしまうため、一旦は移転しても危険を承知で元の地域に戻るケースも多く見られる。

　このように、いくら自然災害に対して安全な地域であっても日常生活が成り立たなければ意味がない。従って、安全である事と生活できる事は両立する必要がある。また、生活の場は可能な限り快適で便利であることが望ましく、日常の生活を営みながらも有事の際は安全な場所であることが理想的である。その理想にできるだけ近づけるよう、様々な側面からバランスを取りながら、可能な限りの安全性と快適性の実現を目指したいものである。

　ここでは、JICA（独立行政法人国際協力機構）によって実施されたフィリピンの台風ヨランダからの復興プロジェクトで取り組んだ事例を交えながら、このような課題に取り組んだ自治体の事例を紹介したいと思う。

3　フィリピン国「台風ヨランダ災害緊急復旧復興支援プロジェクト」

　2013 年 11 月 8 日、中心気圧 895hpa、最大瞬間風速 315km /h（最大風速 65m/s：日気象庁解析）のヨランダ（フィリピン名 [1]）と呼ばれるスーパー台風がレイテ島を直撃し、死者数 6,300 名、行方不明者 1,062 名の被害をもた

---

1)　国際名：ハイヤン

らした[2]。これを受けて、JICA により、「台風ヨランダ災害緊急復旧復興支援プロジェクト」[3] が実施された。

　この台風はフィリピンの 36 州に大きな被害を与えたが、特に台風による高潮で多くの犠牲者が出た東ビサヤ地方は、総人口に占める貧困層が多い地域であった。このことから、レイテ島東部およびサマール島南部の被災自治体における社会基盤インフラの復興とともに、災害に強い社会と地域の再建に向けて、Build-Back-Better（より良い復興）を志向したプロジェクトが実施された。このプロジェクトの成果の一つとして、安全なまちづくり（ハザードマップ／土地利用計画／ゾーニング計画／緊急時物流ネットワーク計画／避難計画等）が求められ、高潮に対するハザードマップをベースとした対策が検討された。筆者はこのうち土地利用計画及び避難計画を担当し、高潮ハザードマップをベースとした計画の支援を行った。

(1)「移転」という選択

　レイテ州の州都であるタクロバン市では、市長が災害後すぐに「ゼロ・エバキュエーション（誰も避難する必要がない）」の方針を打ち出し、被災者の移転計画を推進した。台風ヨランダで被災する前からタクロバン市は、市の北部に開発を進める計画を打ち出していたため、被災者住宅をこの地域に建設し、被災者の移転を促進した。先に述べたように防災という観点からすると、移転はハザードエリアの外に出ることであるため、安全度の高い対策といえる。しかしながら、移転は居住場所を変えることになるため、生活が大きく変わる。それは場所だけでなく、コミュニティの関係や職業の選択にも影響することから、被災者が精神的にも大変な時期に大きな決断を迫られる状況になる。そのため、土地利用規制等の管理が緩い国では一旦移転してもしばらくすると元の場所に戻ってしまうケースが多く見られる。

　JICA プロジェクトの中では移転事業の支援は行っていない為、当時のヒア

2)　NDRRMC（National Disaster Risk Reduction and Management Council）による Super Typhoon Yolanda の Final Report より

3)　「フィリピン国 台風ヨランダ災害緊急復旧復興支援プロジェクトファイナルレポート (II) 主報告書」平成 29 年 2 月（2017 年）独立行政法人国際協力機構（JICA）（第 2 章、第 3 章、第 4 章）
https://libopac.jica.go.jp/images/report/12283388_02.pdf

リングの情報になるが、タクロバン市でもその時点では、この北部開発地域に
交通手段が整備されていなかったり、水道や電気等の基本インフラが整備され
ていなかったりしたことから、通勤手段や生活基盤への懸念があり、移転を
迷う被災者が多かったことを記憶している。特に漁業を生業にしている人々は、
今までの漁場から離れることで、漁師を続けられないのではという不安を感じ
ていた。幸いタクロバン市においては、移転地の比較的近い所に漁場があり、
移転後に漁業を続けるという選択肢も提供されていた。また、近所に JICA 支
援による総合病院の建設や、大手商業施設の進出が決まっていたこと等、生活
基盤が整っていくことを比較的タイムリーに示せたこともあり、移転は徐々に
進んでいったようである。しかし、2022 年 8 月にタクロバン市役所でヒアリ
ングした際に、台風ヨランダから 9 年が経って当時の子供は大人になり、子
供は元々住んでいた地域で新しい自分の家族と漁師を続け、親は引退して移転
地に住んでいる、という話があった。このことから、実質的には漁業従事者は
元の地域に戻っているのかもしれない。

　このように「移転」は、理論的には安全性の高い対策であるが、すべての生
活環境を整える必要があることから、被災後に急遽、このような整備計画を整
え実施するのは大変な作業である。しかしこれは同時にスピード感も求められ
る。そうでないと生活を立て直す必要に迫られている被災者は、元の場所に自
宅を再建し、脆弱な状態のまま地域が再生されてしまうからである。従って、
都市計画の中で、住民の生活拠点を徐々にハザード外の地域に移動していくよ
うな、物理的な開発方向の方針を持っておくことが必要である。

(2)「土地利用」計画という選択

　土地利用計画においては、ハザードエリアを緑地帯や保護地域等に指定する
ことによって開発を抑制することや、また商業地区に指定することで住民の居
住を抑制し、被災者の削減に繋げることが重要である。土地利用計画による規
制は、国によって強制力は異なるが、今あるものを強制的に撤去していくとい
うよりは、新設の建設に規制がかかるという形をとる場合が多く、徐々に、理
想の都市構造に近づけていくことを目指す。

　前述のタクロバン市では、台風ヨランダで被災する直前に上記北部の開発計
画を含む総合土地利用計画の改定版を作成済みだったが、台風ヨランダの被害

202

を受けて土地利用計画を見直す必要に迫られていた。また、先の「ゼロ・エバキュエーション」方針により、危険なところに人を居住させないという前提もあったため、構造物対策の必要性も含めて市全体の計画を見直すことになった。土地利用計画において安全なまちづくりに貢献するには、ハザードの確認が重要な要素となってくる。タクロバン市の土地利用計画ではJICAプロジェクトで作成した洪水、高潮、津波のハザードマップと既存の地滑りハザードマップ等を重ね、危険性の高いエリアを地図上で確認することから始めた。これらのハザードエリアの上に、土地利用の現況を重ねると、災害の被害を受けやすい地域が把握できる。さらに、既存の土地利用計画図を重ねると、それらの地域を将来どのように展開していこうとしているのかが見えてくる。この結果、既存の計画では台風ヨランダレベルの高潮や、新たに作成された津波のハザードに対応できず、リスクを高める可能性のある開発地域の存在が判明した。

　この結果を受け、タクロバン市の職員は、自分たちの市がどのような状況にあり、どのような計画をするべきかについて休日を返上しての猛勉強を行った。地図と現場を見比べ、住民とのコミュニケーションを続けた結果、今まで紙の上でしか考えていなかった計画が、現実的でより安全性が高まる方向への開発方針をもつ現在の計画に至った。

　2017年に承認されたタクロバン市の総合土地利用計画[4]では、都市部の発展方向に対する開発方針は、内陸に土地の余裕がある南側と、移転地域にも指定された北部の開発地域に定められた。基本的な都市構造としては、カンカバト湾の埋め立て計画を含む海岸に面する地域が商業地域や観光地域、緑地帯等に指定されており、居住地域は内陸に設定されている。

　この事例のように計画で対象とするハザード規模を変えれば、今まで問題がなかった地域が危険になる可能性もある。従って、もし、今後の町の発展を考えるときに災害の危険性があるエリアがわかっており、それ以外のエリアを開発するという選択肢があるなら、後者を選択すべきである。また、もし他のエリアという選択肢がないのであれば、構造物対策によって被災のリスクを下げ

---

4)　タクロバン市総合土地利用計画 2017-2025
https://www.scribd.com/document/478245293/Tacloban-City-CLUP-2017-2025-
Volume-1-pdf

る都市構造の検討も必要である。

(3)「防潮堤」の建設という選択

　防潮堤は高潮に対する構造物対策の一つで、海水に対する堤防の役割を果た
す。台風ヨランダによって引き起こされた高潮により、レイテ島では多くの方
が犠牲となった。その多くは溺死であったことから、フィリピン政府はレイ
テ島の東側の海岸沿いに防潮堤の建設を決定し、JICA に防潮堤計画と設計の
技術支援を要請した。建設はフィリピン政府の予算によって公共事業道路省が、
実施した。ハザードマップを用いた検討を踏まえ、防潮堤は 50 年確率の高潮
に対応するものを建設することになった。

　構造物対策では、対象地域に自然現象が及ぼす影響を軽減する効果があり、
設計時に想定している状況であれば、対象地域を物理的に守ることが出来る。
もちろん想定している自然現象を上回る状況や、劣化や破損などによって想定
していた強度が保たれていない状況等があれば、その構造物が崩壊する可能性
もある。従って絶対安全ということにはならないが、ある程度の安心感を持っ
て生活することは可能になる。

　タクロバン市の南側に位置するパロ町では、町長が防潮堤の建設をすぐに受
け入れたことから、パロ町に位置する防潮堤が最初に着手されることになった。
フィリピンにとって防潮堤の建設は、国内で初めてとなる大事業であったため、
多くの住民はその形や大きさをイメージできずにいた。恐ろしい経験をしたば
かりの海岸沿いに住む住民は、それで今度は守られるなら、という思いと、海
が見えなくなってしまうのか？という懸念の狭間で揺れていた。そのような
市民の懸念や要望を解決していく場として、JICA 専門家チームの提案により、
エリアマネジメント委員会を立ち上げることになった。町長を議長とするエリ
アマネジメント委員会の会議は、週 1 回のペースで半年間実施された。委員
会では、公共事業道路省から防潮堤の計画説明が行われ、JICA プロジェクト
チームからは、防潮堤が出来上がるとどの様な状況になるのかを示すパースが
逐次提供された。これにより、構造物としての安全性が確保できる限り、線形
の変更や樋門の設置、階段、手すりの取り付け等の追加が調整され、その計画
を基にパロ町の防潮堤は完成した。現在タクロバン市と、パロ町の南に位置す
るタナウアン町の防潮堤が引き続き建設中である。

　パロ町での建設がある程度進んだ2021年12月16～17日に台風オデッテ（フィリピン名：Odette、日本名：台風22号、アジア名：Rai）と2022年4月11日に台風アガトン（フィリピン名Agaton、日本名：台風2号、アジア名：Megi）がレイテ島に上陸した。台風オデッテは中心気圧915hpa最大風速195 km/h、台風アガトンは中心気圧996hpa最大風速75km/hであった。特に台風オデッテはカテゴリー5のスーパー台風に指定された大型台風で、その中心はレイテ島南部を通過した。この時レイテ島南部に位置する防潮堤の無い地域（アブヨグ町やドゥラグ町）、及び建設が終わっていない地域（タナウアン町やタクロバン市）では海水が内陸に入り込み、家屋が流される等の被害が出た。しかし防潮堤が完成していたパロ町やタクロバン市（一部）では、海水が防潮堤を越えては来たものの、防潮堤によって高潮が防御されたため、大きな被害には至らなかった。この状況から、防潮堤の高潮被害減災効果は十分に示されたと言える。

　このように、構造物対策により地域全体が守られるという効果は大きいことが示されたが、この二つの台風では海水が防潮堤を超えて来たところもポイントである。これにより、ある程度の状況では守られるかもしれないが、それを超える状況も確実にあり得、その際は逃げることが必要だということも認識された。

（4）「避難」という選択

　被災するリスクがあると知りながらもその地域に住んでいる場合、何を捨てても最後は逃げることにより命を守る事が最優先である。

　台風ヨランダが上陸した時、海岸沿いの住民はどのような行動をとったのか、フィリピンの市町下にある最小行政単位であるバランガイのリーダー、住民等への聞き取り調査から、住民の行動は概ね以下のように把握できた。なぜ逃げなかったのか、どの様にして助かったのか、この場を借りて共有する機会になればと思い少し長いが記載する。

　巨大な台風が来るという情報は凡そ1週間前からメディアや役所の連絡を通して把握していた。殆どのバランガイでは避難所を開設し、海岸地域の人々に避難を呼びかけた。しかし、前日までは穏やかな良い天気だったことから、台風が来る危機感が感じられなかった。また、高潮が来るから避難するように

との呼びかけがあったものの、伝える側も受け取る側も「高潮」の意味がよく
わかっておらず避難につながらなかった。さらに、今までの台風では危険なこ
とはなかったため、今回も特に避難の必要性を感じなかった住民が多かった。
このように、台風に慣れているフィリピンの方々にとっては台風に対する危機
感が薄く、また家を全員で空けると盗難にあうことを心配し、母親と子供たち
だけ避難所に行き、父親と年長の男子は家に残ったケースが多かった。

　しかし、当日になって状況が一変した。

　朝の 6 時半ごろから海水が内陸に浸水し始めた。海水は川から逆流して内陸
からも回り込んできた。この状況になって、強い風雨の中、慌てて高い場所に
向かって避難を開始した。水位は海岸線から 1.5km 離れた市街地でも 2m を
超える深さとなり、多くの方が溺れて亡くなった。バランガイ内に開設された
避難所も浸水し、その避難所で亡くなった方もいた。

　話を聞いた方々がどのようにして助かったのかについて代表例を挙げると、
天井を外して（壊して）梁に上った、漁師たちは泳ぎ、波と共に着地した際、走っ
て建物の 2 階に上った、波にさらわれないよう固定されているロープなどに
つかまり、波が引いた際に高い所へ移動した、などである。泳げなかった方や
つかまる力のなかった女性や子供たちは流されてしまった。

　台風が通り過ぎた後、彼らは自分たちだけが被災者ではないことを思い知っ
た。町は瓦礫と化し、道路も瓦礫で埋まっていた。隣のバランガイもその隣も
瓦礫で埋もれており、どこまで行っても自分たちを支援してくれるような状況
ではないことが確認された。そのため生き残った人々は、食料や飲用水を自分
たちで調達する必要に迫られた。バランガイ事務所では台風前に被災者用の食
料や飲料水を備蓄したが、それらも流され役に立たなかった。

　数名の男性たちは薬や食料などの支援を要請するため、瓦礫の中を徒歩で自
治体の庁舎に向かったが、役所も職員も被災しており、支援をお願いできる状
況ではなかった。結局多くのバランガイでは、外部からの支援が来るまでの 1
〜 2 週間の間、自力で食料を調達することになった。食べ物は、海岸沿いの
地域では魚を釣って食べた。また、溺れて死んだ家畜も食べた。幸い農村部で
は、バナナやタロイモなどが収穫できたため、何とか食いつなぐことができた。
しかし、都市部では（おそらく）食料を調達するため、商店の商品が盗まれた。

飲料水は、夜露をビニールシートで集めた他、普段使っていなかった古い井戸ポンプが使えた地域もあった。

　このような調査結果を受け、情報伝達の方法の改善、避難所選定の再検討、短時間で大人数を避難させるための避難計画の策定が行われることとなり、JICA 専門家チームが支援を行った。

　しつこい様だが、被災しない為の一番良い方法は、危険に近づかないことである。もし危険の近くにいた場合は、すみやかに離れることである。従って、避難計画の最初のステップは、誰がどこに逃げるか、である。上記のように、避難所自体がハザードエリアにあったら、避難所に避難しても助からない。このことから、まずハザードマップを確認し、避難所として使える公共施設を調べることから始めた。徒歩で移動できる距離に公共施設がない場合は、教会や私立学校などの大きな施設のオーナーに自治体が協力の交渉を行い、少しずつ避難所の数を増やし、避難者数と避難所の収容者数を整合させていった。避難所となる施設がある程度確保出来たら、どこの住民がどの避難所に行くか、という凡その配分を決め、小さい子供が多い家族やお年寄り、障害を持つ方等の避難を支援する車の配車計画も検討した。さらに、他ドナーの支援も受け、家族ごとの ID を作成して、避難所での確認を行う仕組みを構築した。

　次に、どのタイミングでどういう順序で移動を始めるかをあらかじめ計画しておき、スムーズに避難できる体制の構築を行った。これらは自治体職員だけでなく警察や消防、バランガイとも連携し、誰がどの時点で何をするかということを時系列に整理したタイムラインアクションプランを策定した。台風ならばある程度の規模やタイミングは事前に想定できるため、避難する、という行動を起こすことが重要である。先のヒアリングの最後に「あの時、しておけばよかった」と思うことは何か？と聞いたところ、殆どの人は「避難しろと言われたのだから避難すればよかった」と答えた。

　防潮堤が完成しても構造物には限界があり、また台風ヨランダの被災地でも防潮堤がない自治体の方が多い。従って、長期的には土地利用計画によって避難対象者を徐々に減らす対策を執りつつも、避難計画で確実に住民を避難させるような地道で粘り強い取り組みを続け、減災に繋げることが必要がある。

4　フィリピンの事例から学べること～防災の主流化

　台風ヨランダの後に実施された様々な防災の取り組みは、「移転」「土地利用」「防潮堤」「避難計画」による見事な連携で、タクロバン市とパロ町の「安全なまちづくり」を実現させている。この取り組みが順調に進んでいる重要な要素は、その計画策定に住民を巻き込み「みんなで」取り組むことである。
例えば、タクロバンの移転計画を含む土地利用計画の策定には、初期の段階で138 のバランガイ・リーダーが一堂に会したワークショップを 5 日間開催した。この時リーダーは、各バランガイの利益を主張する立場ではなく、地域の将来について近隣のリーダーと議論する立場で参加した。これによって彼らが市全体の計画を把握するとともに、各バランガイの市域での位置づけを認識する機会となった。

　また、パロ町の防潮堤計画においては、防潮堤の天端をサイクリングロードにし、観光地域の開発計画である「パロ町ドリームプラン」を策定した。これはエリアマネジメント委員会において計画が行われたが、委員会には関係するバランガイのリーダーや住民、漁業組合のリーダー等も招かれ、それぞれの立場からの要望やアイデアを出し合った結果の計画である。もし公共事業道路省が防潮堤に対して一般的な公聴会しか行わなかったら、サイクリングロードの案は出なかったかもしれないし、照明を設置してはどうかという案を公共事業道路省が取り入れなかったら、パンデミックの間に夜間のウォーキングコースとして活用されることもなく、壁のような防潮堤に海岸と地域が分断されて、地域住民や漁業従事者から不満の声があがっていただろう。

　さらに避難計画では、以前は避難所や避難状況の確認が困難であったが、現在は家族ごとに避難所が指定され、避難状況が ID カードによって確認できるようになった。これも住民と自治体が一丸となって取り組んだ結果、成り立っている仕組みである。

　このようなフィリピンの事例から、住民が個人の意見を言う場を設けるのではなく、一住民として町の将来を考えるという立場で計画に参加し、一緒に計画していくことの重要性が認識できる。また、住民がすべての計画に参加する事は現実的ではないため、自治体や政府機関の職員が連携し、各計画や事業の関係性を繋いでいける体制も同時に構築することが重要である。

208

　また、もう一つ注目したいのは、防災と町の開発計画を分けて考える必要はないということである。防災施設だから仕方ないと快適さや楽しさの追求をあきらめず、安全性だけでなくもっと貪欲に生活の向上を求めて良いのだ、ということが示された。レイテ島の防潮堤の様に、高潮被害の軽減だけでなく、平常時にも住民や観光客に活用され、多少なりとも周辺地域の収入を生み出すレクリエーション施設になれば、これこそ「地域にとって魅力ある施設は、防災機能も備えていた」という防災の主流化を実現した好事例である。

5　防災から地域開発へ〜水産業の復興を支える基盤

　防災対策として建設が決まった防潮堤であったが、パロ町の町長がこれを好機と捉え地域開発に利用する決断をした。これにより防潮堤は防災施設ではなく、サイクリングロードという観光施設になった。パロ町の新しいシンボルとして建設された灯台は災害時の警報機能も備え、歴史的観光資源であるマッカーサー上陸記念公園から観光客の流れを南に引き込むとともに、パロ町南端に整備中のマングローブハイウェイ（ウッドデッキ回廊）に誘導する目印になっている。この2つを繋ぐサイクリングロードの天端は安全な展望台でもあり、夜間は設置された照明のライトアップ効果でインスタ映えスポットとしても大人気である。台風の被害を受け一時は撤退を検討していた地域の有名ホテルも、

出典：フィリピン国台風ヨランダ災害緊急復旧復興支援プロジェクト
　　　ファイナルレポート (II) 主報告書

図 12-1　パロ町ドリームプラン

出典：筆者撮影

写真 12-1　防潮堤効果を活用したレストラン

この計画を知って同じ場所での再建を決め、今では観光客の集客に一役買っている。

　このような基盤・施設整備により沿岸地域では、新たなホテルやレストランも建設され、内外からの観光客で賑わっている。観光業の活性化は地元水産業も活性化させている。地域で水揚げされる新鮮な魚介類は、市場への販売以外にホテルやレストランという販路を拡大し、観光漁業や釣り等の観光アトラクション、漁業者による観光客への直販やお土産品販売、特産品開発等 6 次産業化への展開にも繋がっていく。実際タクロバン市北部のレストランでは、前面の浅瀬で漁師が魚介類を獲り、それを調理して提供するサービスも実施しており、またパロ町では、レストランやお土産屋ストリートの建設が進行中である。大規模災害の後では防災対策自体に焦点が当たりがちだが、基本的に防災対策は地域開発の基盤・仕組みにおける一つの要素であり、防災対策が主役になってはいけない。防災対策は地元産業の営みを災害によって止めない、後退させないための施策という裏方であり、その活動を支える基盤の整備、仕組みの構築によって物理的・社会的土台を安定させ、その上に魅力的な町が「安心してのびのびと」発展できるのである。

6　おわりに

　パンデミック期間を経て 2022 年にパロエリアでの防潮堤が完成したとの連絡を受けたため、同年 8 月、その様子を見に行くことになった。防潮堤の効果については前述のとおりであるが、防潮堤が人々の健康増進と観光のスポッ

出典：筆者撮影

写真 12-2　エリアマネジメントによって階段スロープが設置された船着き場

トとして大人気施設になっていたことには本当に驚いた。

　この地域は元々貧困層の多い地域で、美しい海と新鮮で美味しい魚介類が豊富であるにも関わらず、その資源を活かしきれずにいた。台風ヨランダのつらい経験を乗り越え、人々がビーチでの滞在を地元の素晴らしい海の幸と共に楽しめるようになり、さらに地元の水産業が活性化しているこの状況は、まさに「より良い復興 Build-Back-Better（BBB）」の実現である。

　パロ町ドリームプランでは、2つの船着き場の建設が含まれているが、今後これらも整備されれば、この施設も大いに活用され、水産業の発展に貢献する施設となるだろう。今から完成が楽しみである。

　この章では少し水産業から離れてしまったかもしれないが、水産業に従事する方々が、このような取り組みに興味を持って、少しでも被災しにくい状況を構築するヒントになってくれれば幸いである。

7　参考文献

Presentation materials of JICA Study Team Appendix-8 (Tacloban City)
　P1~40, Appendix-9 (Palo Municipality)P41~66
　https://openjicareport.jica.go.jp/pdf/12283438_02.pdf
プロジェクトヒストリー「漫画版」「屋根もない、家もない、でも、希望を胸にフィリピン巨大台風ヨランダからの復興」
　https://www.jica.go.jp/publication/manga/philippine_yolanda.html
台風ヨランダ災害緊急復旧復興支援プロジェクト＞プロジェクトニュース：安

全なまちづくり：「ジャニスさんの奮闘記」第 1 話〜 4 話、「ドローレスさん
物語」第 1 回〜 4 回

https://www.jica.go.jp/project/philippines/011/news/index.html

第 13 章　水産協力とエコラベル
～重層的なガバナンスの視点から～

JICA's fishery cooperation and seafood eco-labelling:
From the perspective of multi-level governance for sustainable development

大石　太郎
Taro Oishi

1　はじめに

　水産物は、食料品のなかでもとりわけ国際市場に回される割合が高い商材である[1]。水産物が貿易財となる主な理由として、水産業が「野生の自然資源を食用として利用する世界最後の主要産業」（Jacquet and Pauly 2007）であることから、生産が地域固有の自然条件に依存しやすい一方、消費は人口の多い遠隔地となりうる、という生産と消費のアシンメトリーが挙げられる。途上国を含む世界経済のグローバリゼーションの進展は、消費者が無意識に世界の水産資源の枯渇に加担しかねない状況を引き起こしている。

　そうしたなかで、国境を持たない市場が主導することで、一国内の政策に依存せず持続可能性の向上にアプローチしうる水産物エコラベルの存在感が増してきている。日本から途上国への支援を提供する独立行政法人国際協力機構（Japan International Cooperation Agency: JICA）、海外漁業協力財団（Overseas Fishery Cooperation Foundation of Japan: OFCF）、東南アジア漁業開発センター（Southeast Asian Fisheries Development Center: SEAFDEC）などにおける水産分野の技術協力プロジェクトにおいても、持続可能な発展のツールとしてのエコラベルの位置づけが今後一層重要になると考えられる。

　水産物エコラベルを持続可能な発展に向けた環境ガバナンスの手段として捉える場合、空間スケールの重層性の視点が重要になる。ここで環境ガバナンスにおける重層性とは、「ローカル・リージョナル、ナショナルそしてグローバルという各層での環境問題・環境政策と環境ガバナンスの構造がそれぞれ固有の性格を持ちつつも、相互に作用しあう、ないし依存関係にある」（植田

---

[1]　生産額のうち国際市場に仕向けられる割合は、肉類の 9.8% や牛乳・乳製品の 6.7% に比べて水産物では約 37% とされる（Natale et al. 2015）。

2008）ことを指す。植田によると、「個々の地域環境問題は世界経済のグローバリゼーションに起因するがゆえに相互に関連を持つものであるが、同時に地域固有の条件の下で現れるので均質な現象にはならない」（植田 2008）ため、重層的環境ガバナンスの発想に基づく課題解決の模索が重要になる。

　現在の日本には、英国を起源として世界的に認証活動を展開している海洋管理協議会（Marine Stewardship Council: MSC）と自国発で国内漁業者の認証活動を行っているマリン・エコラベル・ジャパン（Marine Eco-Label Japan: MEL）協議会による 2 つの天然漁獲漁業を対象とした水産物エコラベル制度が存在し、上記の重層性の概念を当てはめるなら、前者はグローバル、後者はナショナルなエコラベルに位置づけることができる。

　こうした視点で今後の JICA の水産協力のあり方を考えるなら、過去の水産協力でどのような階層のエコラベルがどのような形式で用いられてきたのかを把握したうえで、今後はどのようなものが必要なのかを検討する必要があるだろう。

　そこで、本稿では日本の政府開発援助（Official Development Assistance: ODA）の実施機関である JICA が実施してきた水産物エコラベルに関連する過去の技術協力の事例をレビューし、上述の視点からこれからの水産協力のあるべき姿を展望する。なお、本稿の分析対象は、空間における固有性が重要になる天然漁獲に関するエコラベルとし、養殖生産は含めないこととする。

2　水産分野における JICA の技術協力

　まず過去の JICA の水産技術協力において、エコラベルの概念を用いたプロジェクト案件がどれだけ存在し、どのような内容だったのかについて、JICA の事業評価報告書およびプロジェクトレポートの文献サーベイで明らかにする。

　前者の事業評価報告書については、JICA のウェブサイトの「事業評価案件検索」（https://www2.jica.go.jp/ja/evaluation/index.php、最終アクセス：2023 年 3 月 13 日）で、分野を「水産」、評価種別を「技術協力」として検索し、該当案件とその報告書を抽出した。その結果、事業評価を受けた水産技術協力のプロジェクトは、2023 年 3 月 13 日時点で 70 件（37 カ国）存在した。これらの国々で実施されたプロジェクトの延べ回数について、地域分類別に積み

上げ棒グラフで示したものが図 13-1 である。アジアが最も多く 25 件（10 カ国）、アフリカが 22 件（12 カ国）、中南米が 15 件（10 カ国）、オセアニアが 6 件（4 カ国）、中近東は 2 件（1 カ国）という結果であり、特にアジアでは ASEAN が 22 件（7 カ国）と大勢を占めていた。

　これら 70 件の事業評価報告書の中で「エコラベル」という語彙の記載があるものを調べたところ、オセアニアに位置するバヌアツ共和国での事業評価報告書（JICA 他 (2015)）の 1 件のみが該当した（同プロジェクトのフェーズ 3 の報告書にも記載があったが、フェーズ 2 に関する記載のため除外した）。

　後者のプロジェクトレポートについては、外務省と JICA が協力し提供している「ODA 見える化サイト」（https://www2.jica.go.jp/ja/oda/index.php、最終アクセス：2023 年 3 月 27 日）で分野課題を「水産」、事業を「技術協力」と設定して検索し、該当案件とその内容を詳述したレポートを抽出した。その結果、2023 年 3 月 27 日時点で 45 件（29 カ国）ヒットし（レポートではなく事業評価報告書のみが掲載されている案件を含む）、うち 36 件から事業評

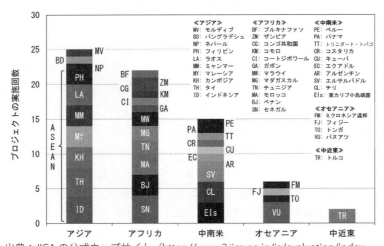

出典：JICA の公式ウェブサイト（https://www2.jica.go.jp/ja/evaluation/index. php、最終アクセス：2023 年 3 月 13 日）の「事業評価案件検索」で得られた結果から筆者作成。

図 13-1　JICA による水産分野の技術協力のプロジェクト実施回数（延べ）

価報告書以外に分類されたプロジェクトレポートが得られた。

　これら 36 件のプロジェクトレポートの中で「エコラベル」という語彙の記載があるものを調べると、セネガル共和国（JICA 他 2017）とモルディブ共和国（JICA 他 2018)）のプロジェクトレポートが該当した。ただし、モルディブ共和国の案件については、そのレポートの中身を確認したところ、エコラベルの認証制度を立ち上げる計画を当初立てていたものの実証段階には至らなかったという記載であったため、実質的に該当したのはセネガル共和国の案件の 1 件であった。

　以下では、上記で抽出されたバヌアツ共和国とセネガル共和国の 2 カ国の案件について、エコラベルに関する JICA の水産技術協力の内容を見ていくことにする[2]。

3　JICA の水産技術協力とローカル・エコラベル

3．1　バヌアツ共和国の事例

　バヌアツ共和国では、2012 年から 2015 年までの 34 カ月にわたって同国内 3 地域で現地業務が実施された「豊かな前浜プロジェクト（フェーズ 2）」においてエコラベルを用いた JICA の水産技術協力が行われた。以下では、同プロジェクトの事業評価報告書（JICA 他 2015）に基づき、その内容を概説する。

　このプロジェクトは、バヌアツ共和国における住民参加型の沿岸水産資源管理の手法の確立に寄与した「豊かな前浜プロジェクト（フェーズ 1）」（2006年〜 2009 年）の後継で、フェーズ 1 で確立された手法の普及を図ることを目的として実施された。フェーズ 2 の取り組みの一環として、対象地域のオオジャコガイの貝細工に貼付するエコラベルが作成され、利益の一部がコミュニティ主体の沿岸資源管理の資金源として活用される仕組みが作られた。このエコラベルでは、貝細工の材料としてできるだけオオジャコガイの死骸を用い

---

2)　JICA の「事業評価案件検索」や「ODA 見える化サイト」に基づく文献サーベイで抽出された案件の多くはプロジェクトの開始が 2000 年代以降のものであり、この文献サーベイではそれ以前の水産協力の情報はあまり反映されていない。本稿では、エコラベルが水産資源管理の手法として水産協力の中に取り入れられたのが、「海洋漁業からの漁獲物と水産物のエコラベルのためのガイドライン」が FAO 水産委員会で策定された 2005 年以降であると想定し、これらの文献サーベイの方法を採用した。

ることで生産工程における貝資源の持続可能性を高めることに加え、観光局の
ロゴを入れた独自のデザインを採用することでバヌアツ共和国の地元産品であ
ることを証明することも狙いとされた。この試みによって現地の人々の資源管
理意識が高められたという効果も報告されており、興味深い試みとして幾つか
の情報誌・学術誌で紹介された（川田 2017、杉山 2017、釣田 2018）。

　このバヌアツ共和国の事例は、MSC のような世界貿易を前提としたグロー
バル・エコラベルとは対極的であり、産地外での加工・流通・販売を前提とし
ないことからローカル・エコラベルとして位置づけることができる。また、エ
コラベルにその本来の役目である「環境」情報の伝達だけでなく、「原産地」
情報を伝える産地ラベルの役割も担わせることで付加価値を高めようとしてい
る点に特徴があり、エコラベルに輸出振興の効果を持たせることを期待する日
本が自国のエコラベルの参考としてフィードバックしうる考え方と言える。

３．２　セネガル共和国の事例

　セネガル共和国では、2014 年から 2017 年までの 42 カ月にわたりティエ
ス州ンブール県で「バリューチェーン開発による水産資源共同管理促進計画策
定プロジェクト（PROCOVAL）」が実施された（本プロジェクトに先行する初
期のプロジェクトについては Watanuki (2008) が詳しい）。

　PROCOVAL のファイナルレポート（JICA 他 2017）によると、本プロジェ
クトは漁獲物の流通サイドに着目した共同資源管理の促進計画の策定を目的と
して実施された。本プロジェクトの取り組みの１つとして、セネガル独自の水
産物エコラベルであるベグ・エレック（Beg Ëllëk）への支援がなされた。ベグ・
エレックとは、現地のウォロフ語で「より良い明日」を意味しており、本プロ
ジェクトの協力のもとでセネガル中部の都市ンブールの水産加工会社イカジェ
ル（IKAGEL）の最高経営責任者（CEO）を務めるクリスティアン・ラングロ
ワ（Christian Langlois）氏によって立ち上げられた（JICA 2016）。

　JICA 他 (2017) によると、ベグ・エレックは、「環境」と「品質」という２
つの項目を保証することを目的として零細漁業組織（生産）と水産会社（加工）
に対して行われるラベルである。また、そうしたラベル規格の作成だけでな
く、演劇を通じたラベルの啓発、漁業者や仲買人向けのラベル実践ガイドの作

成を始めとする諸普及活動も本プロジェクト（PROCOVAL）を通して行われた。2017 年に実施された地元のスーパーマーケットでの試験販売で実施されたアンケート調査では、現地の消費者はラベルがつけられた商品を高く買う意識があるという回答が見られた。

　こうしたセネガルの取り組みを通じて JICA では新しい水産資源管理の方向を模索している段階とされるものの（加納 2017）、途上国からの輸入促進センター（the Centre for the Promotion of Imports from developing countries: CBI）のウェブサイト「セネガルの魚のバリューチェーン分析」（https://www.cbi.eu/market-information/fish-seafood/vca-senegal-fish-2018、最終アクセス：2023 年 4 月 4 日）では、このセネガル共和国の事例は地元の積極的な参加とその意見の尊重がなされたローカル・エコラベルの成功事例として紹介されている。また、「環境」と「品質」の 2 つの側面を評価するという特徴については、バヌアツ共和国の事例と同様に、技術支援の提供国である日本自身にとって有益な参考資料の 1 つになる可能性がある。

4　JICA の技術協力とリージョナル・エコラベル
－ ASEAN の ATEL の事例－

　水産分野における JICA の技術協力においてエコラベル・アプローチが用いられた事例は上記の文献サーベイではバヌアツ共和国とセネガル共和国のみであったが、非水産分野における JICA の技術協力が途上国の水産物エコラベル制度の設立に間接的に寄与した事例としては東南アジア諸国連合（ASEAN）のリージョナル・エコラベルが存在する。以下では、その事例について見ていくことにする。

　ASEAN 加盟国では、2018 年 10 月にベトナムで開催された ASEAN 農林大臣会合[3]で加盟国のマグロ漁業の持続可能性を認証する ASEAN マグロエコラベル（ASEAN Tuna Eco-labelling: ATEL）の規格が合意された（Notohamijoyo et al. 2018）。ATEL は、欧米を中心とした世界の大手小売業界において持続可能な調達が重視されるようになった現状のもとで、ASEAN 加盟国の水産製品

---

3)　ASEAN では、漁業部門は農林業に含まれる（Notohamijoyo et al. 2022, p.3）。

が高い競争力を保てるような標準が必要になってきたという背景から策定された（ATWG 2018）。既存のエコラベルが小売業者主導、市場手法に基づく認証ビジネス、企業ブランドの構築という特徴を持つことに対して、ATEL は生産者または政府主導、ASEAN 地域の持続可能な漁業管理の統合、地域ブランドの構築がその特徴であり、水産物に関する世界初のリージョナルなエコラベルの規格とされる（ATWG 2018）。

　ATEL の発想の起点となったのは、ASEAN 加盟国の経済協力の基盤の強化や製品の品質や安全性の向上などを目的とした ASEAN 農林産物振興計画協力の覚書であり、協力の対象となった商品にはカカオ、ゴム、コショウなどの他にマグロが含まれることで、マグロについて ASEAN マグロワーキンググループ（ASEAN Tuna Working Group: ATWG）が 2010 年に設立された（Notohamijoyo et al. 2022）。2012 年にジョグジャカルタで開催された ATWG の第 2 回会合で、ASEAN 地域の主要マグロ漁獲国であるインドネシアが ATEL の概念を提唱し、6 年の議論を経て合意に至った（Notohamijoyo et al. 2018）。

　ただし、ATEL の枠組みは、現時点ではまだ実社会で動いていない。ASEAN 加盟国のうち、インドネシア、マレーシア、フィリピン、シンガポール、タイ王国の 5 カ国には水産物を含む一般的な商品に対するエコラベル制度（インドネシアの Ekolabel Ramah Lingkungan やマレーシアの SIRIM Ecolabel）が既に存在するため、マグロの地域エコラベルを構築するためには、これらの 5 カ国のエコラベル制度で認証されたマグロについて、さらに ATEL の認定を受けることができるような仕組みが必要になるからである（Notohamijoyo et al. 2019）。マグロは国を横断して泳ぐ魚であるためパーム油や木材製品に比べて国を横断した認証が一層効果的であると考えられるが（Notohamijoyo et al. 2022）、2019 年にインドネシア政府の海事水産省の指導者が交代した後に同省の優先順位がエコラベルから海洋・漁業部門の開発に移り、ATEL の導入の動きは中断されている（Notohamijoyo et al. 2022）。また、漁業認証を通じて持続可能性を実現するにあたって、ASEAN の法的枠組み等に課題が存在することも指摘されている（Lieng et al. 2018）。

　以上のように、ATEL は東南アジアにおける水産物のエコラベルの興味深い事例であるが、その提唱国であるインドネシアには ATEL の提唱以前から、

2006 年の印刷用紙の認証を皮切りに始まった Ramah Lingkungan（現地語で
「環境にやさしい」を意味する）という ATEL の基盤の 1 つになるエコラベル
が存在する。このエコラベルは、日本のエコマークと同様に水産物以外の商品
を含む一般的な商品に対するエコラベルであり、その製品環境基準の策定と設
立には JICA が支援を行った（藤塚 2007）。そのため、ASEAN の地域エコラ
ベルの ATEL の策定には、JICA の間接的な貢献があると言えよう。

5　これからの水産協力の展望

　本研究から、JICA の水産技術協力ではエコラベルによるアプローチは主流
ではないものの、バヌアツ共和国とセネガル共和国におけるローカル・エコラ
ベルの事例、および ASEAN のリージョナル・エコラベルに関する間接的な事
例が見出された。現在、天然漁獲漁業を対象として日本で展開されているの
がナショナル・エコラベルである MEL とグローバル・エコラベルである MSC
であることを踏まえると、日本国内で蓄積された経験に基づいた途上国への技
術協力が提供されてきたというよりも、支援対象となる途上国が持つ固有の状
況に合わせた協力を模索するアプローチが採用されてきたと言えるだろう。

　こうした事実から、エコラベルについての水産協力に関連して大きく 2 つ
の展望を導くことができる。第一に、JICA 等が手掛ける技術協力の中にナショ
ナルやグローバルのエコラベルを含めるという展望である。すなわち、日本が
独自エコラベルである MEL の創設や運営を通じて得た経験を途上国に伝えた
り、MSC の認証取得に関するノウハウ（グローバル・エコラベルへのディフェ
ンスに関する知見を含む）を共有したりするという選択肢を JICA 等のアプロー
チに加えることで、水産協力の幅を広げるということである。

　いくつかの JICA の支援対象国では、実際にそうしたニーズが存在する。現
場での一例として、JICA の専門家がフィジー共和国の水産省に日本の MEL を
紹介した際に、「自国の資源管理を自国のスキームで審査できることは、とて
も共感が持てることであり、日本人は MEL のことをもっと世界に向けて発信
していくべきである」（田村 2022）という反応があったことが報告されている。
また、タイ王国が 2015 年 1 月に水産物に関するナショナル・エコラベルの
創設可能性を検討する作業部会を開催した際に、MEL 事務局が専門家として

招かれ、タイ王国の政府から最も参考になる制度として評価されたという報告もある（西村 2015）。

　第二に、JICA が関わったローカル・エコラベルやリージョナル・エコラベルの事例から日本が学びを得るという展望である。例えば、「環境」情報だけでなく、「産地」情報や「品質」情報に関する情報伝達の機能も併せ持つバヌアツ共和国やセネガル共和国のローカル・エコラベルを参考に、日本の MEL にもそうした役割をもたせる工夫を行うといったことが考えられる。より具体的には、MEL のロゴに日本国旗や日本地図を組み合わせることで、「日本産」であることを明示しブランド化を試みるといったことが考えられるだろう。

　実際、日本では、水産物エコラベルは水産資源・海洋環境の保全という第一義的な目的だけでなく、輸出拡大のツールとしての役割が期待されている。成長戦略を掲げる日本政府は、輸出促進において「水産エコラベル等の規格・認証や知的財産の戦略的活用を推進する」（内閣官房 2019）としている。そうした可能性を検討する際に、ローカル・エコラベルの事例を役立てることができる可能性がある。

　また、ASEAN の ATEL の事例は、日本とアジア・アフリカの間で MEL をリージョナル・エコラベルへ発展させる可能性や MEL 以外の新たなリージョナル・エコラベルの創設の可能性を検討する際に参考資料となりうる。2014 年 2 月にノルウェーで開催された FAO 水産物貿易小委員会では、水産物エコラベルに関する認定・認証の基準や手続きを国際的に標準化する議論がなされた際に、途上国から先進国への輸出における貿易障壁となる可能性を懸念して複数の途上国が反対していたことが報告されている（八木 2015）。アジアやアフリカの途上国では、漁獲対象魚種が多く漁船や水揚げ場の数が多いという日本に類似した漁業環境に加え、（野生動物をターゲットにするのではなく）人の手が加わった自然全体を保全する Satoyama イニシアティブの発想に好意的な反応をする人が多い傾向があることから、「日本的な発想に基づくエコラベルを世界に普及させることで、途上国の小規模漁業にも貢献できる余地は大きい」（八木 2017）と指摘されている。なお、この点については ASEAN と JICA の間で中長期的な視野なリージョナル・エコラベルの策定を目指す検討が行われつつある（JICA 他 2020）。また、MEL 協議会も 2021 年 8 月に JICA やコンサル

会社の参加するオンライン勉強会で、MEL 認証制度の説明を行うなど国際機関への働きかけや海外での認知度の向上に向けた取組みも行われている（MEL 協議会 2022）。

　沢山の種類のエコラベルが世界中に氾濫し過ぎることは消費者の選択に混乱をもたらす原因になりうるが、唯一のグローバルな基準だけで運用されることも消費者の選択肢の幅を狭めることにつながりかねない。植田 (2008) が主張したローカル、ナショナル、リージョナル、グローバルの重層性を考慮した総合的な視点でエコラベルの体系を構想・展開していくことが、持続可能な発展のための水産協力に求められていると言えよう。

謝辞

　本稿執筆にあたり、JSPS 科研費（21H04738, 23H02315）、農林水産政策研究所委託研究課題（課題番号 :20353867）の支援が有益であったことについて、ここに記して感謝を申し上げます。

6　参考文献

1.Jacquet, J. and D. Pauly (2007) "The rise of seafood awareness campaigns in an era of collapsing fisheries", Marine Policy 31, 308-313.

2.ATWG(ASEAN tuna working group) (2018) "ASEAN Tuna Eco-Labelling: Policy Paper on the Establishment of ASEAN Regional Eco-Labelling Scheme," Joint Committee on ASEAN Cooperation in Agriculture and Forest Products Promotion Scheme, adopted at the 40th AMAF Meeting, 11 October 2018, Ha Noi, Viet Nam.

3. 藤塚哲朗 (2007)「市場メカニズムを活用した循環型社会への挑戦 ―インドネシア・エコラベルの試み―」『国際協力研究』第 23 巻第 1 号、pp.28-40。

4.JICA・バヌアツ水産局・アイシーネット株式会社 (2015)「プロジェクト業務完了報告書 2012 年 2 月～ 2014 年 10 月 ―バヌアツ豊かな前浜 プロジェクト フェーズ２―」国際協力機構・バヌアツ水産局・アイシーネット株式会社（https://openjicareport.jica.go.jp/890/890/890_210_12185286.html、最終アクセス：2023 年 3 月 12 日）。

5.JICA 編 (2016)「伝統の水産業を未来へ」『mundi』第 28 号、pp.8-11。

222

6. JICA・OAFIC 株式会社 (2017)「セネガル共和国バリューチェーン開発による水産資源共同管理促進計画策定プロジェクト（PROCOVAL）－ファイナルレポート－」国際協力機構・OAFIC 株式会社（https://openjicareport.jica.go.jp/pdf/12301016.pdf、最終アクセス：2023 年 3 月 26 日）。

7. JICA・インテムコンサルティング株式会社・株式会社国際水産技術開発 (2018)「モルディブ国持続的漁業のための水産セクターマスタープラン策定プロジェクト －ファイナルレポート－」国際協力機構・インテムコンサルティング株式会社・株式会社国際水産技術開発（https://openjicareport.jica.go.jp/pdf/12301651.pdf、最終アクセス：2023 年 3 月 26 日）。

8. JICA・株式会社国際開発センター・日本工営株式会社 (2020)「アジア地域 ASEAN-JICA フードバリューチェーン開発支援に係る情報収集・確認調査 －ファイナル・レポート－」国際協力機構・株式会社国際開発センター・日本工営株式会社（https://openjicareport.jica.go.jp/pdf/12358289.pdf、最終アクセス：2023 年 3 月 26 日）。

9. 加納篤 (2017)「セネガルの漁民組織とバリューチェーンを活用した資源管理」『日本水産学会誌』第 86 巻第 6 号、p.1021。

10. 川田沙姫 (2017)「よみがえる前浜（バヌアツ）」『mundi』第 50 号、pp.8-11。

11. Lieng, S., N. Yagi and H. Ishihara (2018) "Global ecolabelling certification standards and ASEAN fisheries: can fisheries legislations in ASEAN countries support the fisheries certification?," Sustainability 10, 3843.

12. MEL 協議会 (2022)「令和 3 年度事業報告書（事業報告・収支計算書）」MEL 協議会。

13. 内閣官房 (2019)「成長戦略フォローアップ」首相官邸ホームページ（https://www.cas.go.jp/jp/seisaku/seicho/pdf/fu2019.pdf、最終アクセス：2023 年 4 月 2 日）

14. Natale, F., A. Borrello, A. Motova (2015) "Analysis of the determinants of international seafood trade using a gravity model," Marine Policy, Vol.60, pp.98-106.

15. 西村雅志 (2015)「MEL ジャパン タイ政府に高い評価 －ナショナル水産エコラベル制度検討作業部会に出席－」『水産界』2015 年 3 月号、pp.20-24。

16.Notohamijoyo, A., M. Huseini, S. Fauzi (2018) "ASEAN tuna ecolabelling (ATEL): the challenge and opportunity of the first seafood regional ecolabelling in the world," E3S Web of Conferences, Vol.74, pp.1-6.

17.Notohamijoyo, A., M. Huseini, R. H. Koestoer, S. Fauzi (2019) "The Integration of the National Ecolabel in Southeast Asia to Support ASEAN Tuna Ecolabelling (ATEL)," Proceedings of the 2nd International Conference on Inclusive Business in the Changing World, pp.651-656.

18.Notohamijoyo, A., M. Huseini, H. Sugandhi, E. S. Harsanti, A. S. Wiyata, M. Billah (2022) "Leadership as the Main Driving Factor of Regional Sustainable Development Cooperation: A Case Study of ASEAN Tuna Ecolabelling (ATEL)," IOP Conference Series: Earth and Environmental Science, 1111/012079, pp.1-7.

19. 杉山俊士 (2017)「開発途上国における水産資源管理の現状と課題 －チュニジアにおける違法漁業対策とバヌアツにおける統合的沿岸資源管理を事例として－」『日本水産学会誌』第 86 巻第 6 号、p.1020.

20. 釣田いずみ (2018)「JICA の水産協力とサンゴ礁保全 －バヌアツ共和国 豊かな前浜プロジェクトの事例を通して－」『国際農林業協力』第 41 巻第 2 号、pp.15-20。

21. 田村實 (2022)「水産認証がフィジーの人の目にどう写っているか」『水産界』2022 年 3 月号、pp.74-75。

22. 植田和弘 (2008)「持続可能な発展の重層的環境ガバナンス」『社会学年報』第 37 号、pp.31-41。

23.Watanuki, N. (2008) "Community-Based Fisheries Co-Management in Senegal," Proceedings of International Institute of Fisheries Economics and Trade (IIFET) Conference in Vietnam.

24. 八木信行 (2015)「消費者が関与する海のサステナビリティー：水産物エコラベルのポテンシャル」、山田利明・河本英夫編『エコ・ファンタジー：環境への感度を拡張するために』第 7 章、春風社、pp.81-97。

25. 八木信行 (2017)「アジア・アフリカを念頭に置いた水産物エコラベル構築の必要性」『日本水産学会誌』第 86 巻第 6 号、p.1029.

第 14 章　水産物バリューチェーン
Value chain of fishery products

綿貫　尚彦

Naohiko Watanuki

1　はじめに

　水産物バリューチェーンが求められる背景は、漁業経営を取り巻く環境の変化である。水産資源の乱獲、魚価の低下、水産物消費の低迷、輸入水産物との競合、漁船燃料コストの上昇などである（婁 2020、ブランド総合研究所 2022）。水産協力の現場では、漁業者と仲買人の相反関係、品質の悪い輸出水産物、代替生計手段の欠如などがしばしば見受けられる。このような問題を水産物に価値（バリュー）を付けることによって解決することが求められている。

　日本では、漁業者、養殖業者、卸売市場、加工業者、流通業者、小売業者、外食業者、輸出業者といった水産物のサプライチェーンを担う事業者間が連携し、マーケットイン（売れるものを作る）の発想に基づくバリューチェーンの構築を推進している。日本人（特に若者）の魚離れ[1] による消費量の減少を食い止めるための方策である。水産バリューチェーン事業の目標は、魚介類（食用）の年間消費量の増加（46.4kg ／人 [2027 年度まで]、2020 年度は 23.4kg ／人）である[2]。

　世界では、和食ブームや健康志向の高まりから、魚食に熱い視線が向けられている。海外における日本食レストラン数は、2013 年の約 5.5 万店から2023 年の約 18.7 万店にかけて 3.4 倍になった（農林水産省 2023）。日本を訪れるインバウンドの目的の一つは「和食を楽しむ」ことであり、「寿司」は最も好まれる日本食になっている（農林中央金庫 2023）。寿司が国民食の日本は、魚の鮮度や品質に対してきわめて厳格であるので、そのスキルと経験は途上国の水産分野に役立つものと思われる。

---

1) 日本料理の名店「分とく山」野崎洋光料理長のコメント。「お子さんが、魚が嫌いと言う。それは料理が不味いからである。美味しければ食べる」。

2) https://www.maff.go.jp/j/budget/pdf/r3kettei_pr85.pdf

　ところで、バリューチェーン（価値の連鎖）とサプライチェーン（供給の連鎖）は、言葉が似ているので混同しやすい。それもそのはず、どちらも獲った魚が消費者に届くまでの流れである。大まかなちがいは、バリューチェーンが「どのプロセスで、どのような価値が生み出されているか」を意味するのに対して、サプライチェーンは「モノの生産から流通を経て販売するまでのつながり」に焦点を当てている。水産物のバリューチェーンおよびサプライチェーンの創造は、途上国の漁業・養殖業に重要な成長の機会を提供することから、水産協力においても大きな脚光を浴びている。

　筆者は、長らく、途上国にて水産資源管理のプロジェクトに携わってきたが、ここ数年は水産物バリューチェーンに引き込まれている。水産資源管理を“飴と鞭”の鞭とすれば、水産物バリューチェーンは飴である。水産協力は、水産資源管理と水産物バリューチェーンを組み合わせることが不可欠だと考えるようになった。挑戦はこれからも続くが、一度立ち止まって、これまでの仕事を振り返るのも良いかもしれない。そこで、水産物バリューチェーンに関する最近の出来事と筆者の経験を思いつくまま書いてみたい。

2　水産物の価値を高める方法

　水産物の価値を高めるにはどうすればよいか。JICA-Net ライブラリ『魚の流通のしくみ』（2021）では、日本の水産物バリューチェーンに関連する4つの取り組みを紹介している[3]。1つ目は「鮮度管理への挑戦」である。日本では水産物を生のまま食べる文化があるため、漁獲した水産物の鮮度を保ち、品質劣化の速度を遅延させる低温保存技術が発達してきた。近年では、スラリーアイス（シャーベット状の氷）や「魚を凍らせるのではなく眠らせる」リキッドフリーザーが注目されている。長崎県松浦市は、アジフライの聖地である。鮮度抜群のアジを1回だけ冷凍して旨味を閉じ込めるワンフローズンがセールスポイントである[4]。魚の鮮度が向上すれば、価値が向上する。価値が向上すれば、売上が向上する。

3）https://www.youtube.com/watch?v=E_mpwjbUDYI

4）https://matsuura-guide.com/ajifry/

　2つ目は「6次産業化の取り組み」である。魚を獲ること（1次産業）だけが漁業者の仕事ではない。6次産業化は、漁業者が水産物の加工（2次産業）や販売（3次産業）にも関わることにより、所得向上、雇用の場の創出、地域を活性化させることを目指している。羽田市場（東京）[5] は全国各地の漁業者が朝獲った魚を空輸して、その日のうちに客先に届けるビジネスモデルで急成長を遂げた。

　3つ目は「地域ブランドの創生や観光業との連携」である。ブランディング（良いイメージをつくり出す）は商品の価値を左右する。沖縄県では生鮮の状態で流通しているマグロのブランド化に水産業界が一体となって取り組んでいる。ブランドの基準は、①パヤオ（浮魚礁）での一本釣りにより漁獲された天然マグロ、②手早く丁寧に処理し、高鮮度保存されたマグロ、③「鮮度」「色」「艶・張り」「脂のり」などで目利きしたマグロである。水産と観光の連携にも力を入れている。都屋（とや）漁港におけるジンベイザメ体験ダイビングの人気が高い[6]。マリンスポーツや漁業体験（牧野 2020）、日本の魚食文化（太田 2022）などを積極的に活用した地域経済振興への取り組みは、今後水産協力においても注目が集まるかもしれない。

　4つ目は「エコラベル」である。エコラベルは水産資源管理に取り組んでいる生産者を支援する制度である。生産者の資源管理活動を1つの付加価値とみなし、それをラベル化して製品を差別化する。MSC（Marine Stewardship Council：海洋管理協議会）が英国発のエコラベルであるのに対し、MEL（マリン・エコラベル・ジャパン）は国際規格（GSSI：Global Sustainable Seafood Initiative）に準拠した日本発の認証制度である（第13章参照）。筆者はエコラベルの審査経験から、水産物の輸出先で普及しているエコラベルを選択することの重要性を学んだ。日本が協力している国は、どのような漁法で、どんな魚を獲り、どこに輸出しているか。輸出先での認知度が高いエコラベルを取得することにより、非認証水産物との差別化および付加価値の向上が期待できる。

　上記の他にも水産物の価値を高める方法がある。その1つが「魚の活け締

5）https://hanedaichiba.com/

6）https://www.youtube.com/watch?v=4VjdFXtAIyg

め」である。活け締めは、江戸時代から行われている魚の鮮度保持の方法である。魚の旨味を増幅させ、かつ、味の変化を遅らせることができる[7]。この技術が生まれた背景には、日本人の生魚を用いた"寿司・刺身好き"がある。まず先のとがったピックで脳と延髄を破壊（即殺）、次にワイヤーを挿入（神経抜き）、仕上げは鰓と内臓の除去（放血）である。活け締め後、魚を保冷槽に入れて港に持ち帰る。この時、必要以上の冷やしすぎは、美味しく食べるには逆効果である。保冷槽の水温をマイナス 1 度程度に保ちながら鮮度劣化を防ぐ（ヤマサ脇口水産 2022）。

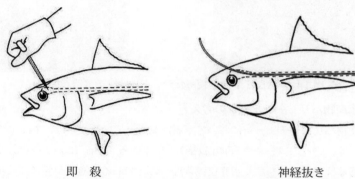

即　殺　　　　　　　　　　　　　　神経抜き

出所：Secretariat of the Pacific Community（2003）.Horizontal Longline Fishing Methods and Techniques. Chapter 4: Handling and Preserving the Catch.

図 14-1　活け締めは先人たちの知恵

　もう 1 つ、世界的に水産資源保護の機運が高まる中、植物由来の原料を使った代替シーフードの需要が増している。ツナ缶世界最大手のタイ・ユニオンは大豆や小麦を使った「カニ風味シュウマイ」や「代替エビ」の販売を開始し、他社との差別化を図っている（日本経済新聞 2022 年 1 月 26 日）。「NEXT ツナ」（植物性 100%）は日本のブランドである。これを開発したネクストミーツ（東京）は、「地球を終わらせない。」を理念として掲げ、様々なジャンルの代替食品の開発・販売を行っている。日本ではまだ「代替シーフード」という言葉に馴染みがないのが正直なところだが、フード・バリューチェーンを変える可能

---

7) https://www.ikejimequality.com

性を秘めている。実際に NEXT ツナを食べてみたが、本物のツナ缶と遜色がなかった。しかもヘルシーである。価格はシーチキンよりもやや高い[8]。日本人は安いものを買い求める傾向があるが、高いものにはそれなりの価値がある。

図 14-2　NEXT ツナを使ったサンドウィッチ（筆者撮影）

3　水産物バリューチェーンの考え方

　水産物バリューチェーンにおいて筆者が意識していることは、主に 2 つある。1 つ目は、「少なく獲って（Fish Less）、高く売る（Earn More）」である。少なく獲るは言うまでもなく水産資源管理のことである。漁業関係者は水産資源の減少を認識している。魚に関する経験的知識も豊富である。自然を守りたい。でも行動できない。人間の生活を守ることが優先だからである。魚を高く売ることができれば、沢山獲らずにすむ。

　2 つ目は、「持続性（Sustainability）、再現性（Replicability）、独自性（Originality）」である。持続性は古くて新しい問題である。バリューチェーンは川上（生産）から川下（消費）までゆったりと流れる河川に例えることができる。その開発には時間と手間がかかる。腰を据えて同じ場所で働くことと、熱しやすく冷めやすい漁業関係者のモチベーション維持が重要である[9]。

---

8) NEXT ツナ（90g）1 缶 390 円、シーチキン L（90g）1 缶 300 円（2023 年 5 月 16 日時点）。

9) 筆者が行き着いた方法は、あらゆる行動の中心に漁業関係者を置く（Put the fishers at the heart of any action）。彼ら、彼女らの意見を聞く（We listen to them）。知識を活用する（We use their knowledge）。物事を決めさせる（We let them decide）。やることを信じる（We believe in what they do）。

再現性は 4 つの L（Low cost、Low tech、Low risk、Local material）がポイントになる。ボトムアップ・アプローチを決めたなら、まず 1 つの村から始めて、良い結果が出れば、両隣の村に広げる。次に地域を巻き込み、さらに全国各地に普及する。

　独自性を重視する姿勢は、日本人による水産協力の特徴の一つである。腕利きの漁業者はプライドが高い。彼らとの会話で「日本ではこうしている」は禁句である。他の漁村との比較も嫌われる。よそはよそ、うちはうちである。漁業関係者から出た独自のアイデアが功を奏したときは、大げさなくらい褒めると、ポジティブな雰囲気や一体感が醸成される。

4　セネガルにおける事例形成

　筆者は 2003 年から 2017 年まで、セネガルで 4 つのプロジェクトを渡り歩いた。JICA が 3 つ、世界銀行が 1 つである。様々な要望を聞いたうえで、ターゲットを絞った。漁業生産量の 9 割を占める零細漁業。ほぼ手つかずの水産資源管理。最大の外貨獲得源であるマダコ。日本の商社は、「セネガルのタコは品質が悪いが、モロッコ、モーリタニアに次ぐアフリカ第 3 のタコになるポテンシャルがある [10]」と明言していた。当時、冷凍タコの輸入価格は 1.4 倍に高騰していた。セネガルで安くて質の良いタコを作れば、日本にとってもメリットになる。水産 ODA における日本の食料事情への配慮は、筆者にとって価値のある経験だった。

　沢山の課題があった。資源管理が先か、品質管理が先か。マダコの品質が向上し、価格が高くなれば、乱獲が進む。そこで、マダコ釣り漁業の共同管理 [11] に着手した。旧宗主国（フランス）の影響が残るセネガルでは当たり前のようにトップダウン型管理が採用されていたが、政府と漁業現場との間に考え方の隔たりがあった。漁業者から上がってきた提案をもとに資源管理をデザインし、それを国が支援するボトムアップ型の共同管理は無謀だと言われたが、失敗を

10）セネガル産マダコの価格は、モロッコ産、モーリタニア産よりキロ 50 〜 200 円安かった（2014 年）。

11）共同管理をサッカーに例えた。漁業者はプレーヤー、政府はサポーター。

恐れずに挑戦した[12]。『漁業者による自主的漁業資源管理政策に関する研究—ハタハタ漁のケーススタディ（修士論文）』の著者である末永聡先生から多くのことを学んだ。戦略は「村から地域へ、そして全国へ」であった（Watanuki 2004）。

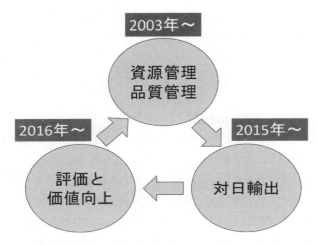

図14-3　日本市場を意識した第3のタコへの取り組み

　持続可能な漁業で獲られたマダコは価値が高い。1年かけてマダコの産卵期を参加型研究[13] によって解明し、そのタイミングで自主禁漁（1カ月）を実施した[14]。同時に、産卵用のタコつぼを沈設することにした。瀬戸内海や九州の技術である。海中で分解する素焼きのタコつぼをセネガルに持ち込み、漁村の女性に見せて、タコつぼ作りをスタートさせた。つぼに産み付けられた卵を守

12）ボトムアップはうまくいくだろうと確信めいたものを感じていた。セネガル人はおしゃべりが好きでフレンドリーだが、禁漁期や海洋保護区を政府が強引に進めようものなら、烈火のごとく反対してデモが行われる。使用できる漁具漁法や魚種ごとの体長制限などのルールがあるが、漁業法はただの紙切れに過ぎないと言われていた。

13）研究者が月1回漁村に通い、漁業者と一緒に生殖腺指数（GSI）を求めた。

14）セネガルは水産資源管理のビギナー。モーリタニアのような禁漁4カ月（春2カ月、秋2カ月）は無理と判断。

る母ダコのシーンを水中撮影して、資源管理の重要性を呼びかけた。これが
反響を呼び、漁業関係者の主体性が高まった。また、セネガル政府、世界銀
行、EU などから活動資金の提供を受けた。タコつぼの数は年々増え、ついに
は年間 1 万個以上のタコつぼが漁村女性によって製作された。1 つの小さな村
で始まったプロジェクト活動は、両隣の村で模倣され、やがて地域全体に広が
り、最終的には国が動いて、マダコ漁業の共同管理は全国展開した（Watanuki
2017）。

　水産資源管理を行えば、マダコの漁獲量が減る。漁業関係者の収入が減らな
いように、マダコの価値のさらなる向上を目指した。代替収入創出活動である。
「禁漁を行えば、何年か先に資源も収入も増える」などと悠長なことは言って
いられないのが途上国である。漁村の男性・女性と話し合いを重ねた結果、共
同出荷、養鶏、給油所を選んだ。共同出荷は、漁業者がばらばらでマダコを出
荷するのではなく、資源管理委員会がマダコを集荷し、直接水産会社に出荷す
る方法である。仲買人に買いたたかれないので、高値で販売できる利点がある。
養鶏は、漁村で捨てられていた貝殻を餌に混ぜて与えた。給油所は、他の漁村
からのガソリン運搬費や事故の削減につながったが、最大の成果は、漁業関係
者の資源管理に対するモチベーションの高まりであった。

図 14-4　セネガルで立ち上げた資源管理委員会の仕事。共同出荷による魚価の向上（ニャ
ニン、左）と給油所新設による活動資金創出（ポワントサレン、右）（筆者撮影）

　うまくいかなかったこともある。上記で述べたように、マダコ資源管理の下
地ができた。十分ではないが、マダコに関する科学的知見もある（IRD 2002）。
マダコの主要輸出先であるヨーロッパは環境意識が高い。そこでエコラベルを
目論んだ。ローカル NGO と組んで、欧米で認知度が高い MSC の英国本部から

情報を得た。日本の小売り大手も乗り気だったが、筆者の提案は、「MSC は審査に時間とお金がかかる」等を理由に却下された。ローカル NGO は諦めずにスポンサー探しを行い、MSC 審査のためのグローバル基金（Global Fisheries Sustainability Fund）を獲得した。

　マダコが減ったら守り、安かったら原因を突き止めて対策を行う。生産から消費までカバーして、はじめてバリューチェーン開発が実現する。2015 年、いよいよ「第 3 のタコ」の最終段階に入った。日本の輸入者いわく「セネガルはタコを生で食べる文化を理解していない。モロッコやモーリタニアができることができない」。ところが、現地で食べるタコは実に美味しい。在セネガル日本国大使館の発案で「セネガル産マダコを味わう会」を開催した。ダメなはずのセネガルのタコが極上料理に変身した[15]。

　タコの加工メーカー OB に日本市場参入についてのアドバイスを仰いだ。①タコを獲った後、鮮度保持の処理を施す、②タコを陸揚げした後、水に浸けない、③タコの内臓を取った後、直ちに凍結する。そうすれば日本へ輸出できる。セネガルにとってもマダコの輸出市場の多様化は、大きな前進となる。

　筆者は船酔いしない体質だが、時化の海は命がけだった。マダコのバリューアップとプライスアップを実現したい一心で漁に同行した。タコ漁の問題をつぶさに見て、日本が "買わない理由" が腑に落ちた。漁が終わり、タコが水産会社に運ばれるまで、鮮度が落ちないように注意した。この時、水産会社が漁業者の前で、品質が良いタコと品質が悪いタコの見た目と価格のちがいを説明した。工場ではタコを水で洗う工程を省いた。タコはぬめりを取ると品質が劣化する。急速冷凍時は日本向けとヨーロッパ向けとが混在することを防いだ。貨物船は喜望峰を回り、2 か月後に日本に到着した。岡山県で蒸し加工されたセネガル産マダコは、モロッコ産と比べて遜色ない味、色、食感だった。筆者はタコが兵庫県のスーパー店頭に並ぶまで見届けた。

　表 14-1 に「500g 以下」と記したが、セネガルの漁業法では 350g 以下のマダコを獲ることを禁止している。大きなタコだけを選択的に獲ることは難しいが、水産会社が小さいタコを買わなければ漁業者はキャッチ・アンド・リリー

15）https://www.youtube.com/watch?v=cAQHu_624M0

図 14-5　セネガル産マダコの価値を上げる技法（筆者撮影）

表 14-1　セネガル産マダコの品質のちがいによる価格差

マダコのサイズ	良い品質のマダコ	悪い品質のマダコ
2kg 以上	漁獲なし	漁獲なし
1 〜 2kg	5,000CFA フラン／kg	4,500CFA フラン／kg
500g 〜 1kg	4,000CFA フラン／kg	3,000CFA フラン／kg
500g 以下	3,000CFA フラン／kg	2,000CFA フラン／kg

1,000CFA フラン＝ 1.74844 米ドル（2017 年 7 月 15 日）

スを余儀なくされる。そこで、小さいタコは獲らない（釣れてしまったら再放流）、売らない、買わない、食べない、4 ない運動を展開した。茨城県の「全長 30 センチメートル未満のヒラメは、獲らない、売らない、食べない」[16] を参考にした。

---

16) https://www.pref.ibaraki.jp/nourinsuisan/suishin/saibai/saibai/kanri-jirei.html

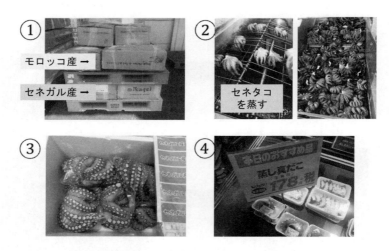

図 14-6　セネガル産マダコ（愛称セネタコ）の対日輸出（筆者撮影）

　セネガル産マダコは「料理王国 100 選 2021」に認定された。料理王国 100 選[17]とは、東京と大阪で開催される品評会で、食通の権威ともいうべきトップシェフと食品バイヤーの審美眼にかなった、美味なる逸品のことである。かつてはモロッコ産、モーリタニア産に比べ品質が悪い、見劣りするなどと、評判は散々だったが、それはセネガルのタコの責任ではなく、「人間のハンドリングの問題」だった。

5　おわりに

　新型コロナが落ち着き、各地で人手が戻った 2023 年のゴールデンウィーク。築地場外市場には驚くほどインバウンド客らが詰め掛け、活気付いた。その要因は何なのか。従来にないファストフード感覚で楽しめる一口サイズの玉子焼きや、手軽に食べられるハーフサイズの海鮮丼が付加価値を生み出した。ちょっとした創意工夫である。途上国における水産物バリューチェーンにもまだまだ

17）https://cuisine-kingdom.com/100item

西アフリカのセネガル産のタコ
業務店で使いやすく旨味成分は国産タコに匹敵

セネガルでタコの資源管理と品質向上を14年の間、同時に行い、ようやく高品質タコの日本への輸出を実現しました。品質、価格、安定供給の面で他の外国産と十分勝負できます。セネガル産ダコと明石産ダコの旨味成分を比較し、遜色ない数値を得ています。

赤坂洋介さん「歯切れが良い」
工藤敏之さん「甘味もありオイルと合いそうです」
五藤久義さん「セネガルで素材流通までしっかりしているところが素晴らしい」

図 14-7 バリューチェーン活動を経て
料理王国 100 選に認定されたセネガル産マダコ

改善の余地がある。ヒントは身近に転がっている。

　私案を提示する。世界の潮流は、プロダクトアウト（作ったものを売る）からマーケットイン（売れるものを作る）に移りつつある。水産業を持続させるためには、「漁業の無駄をなくす」「少ない水揚げで利益を出す」しか手段がない（綿貫 2017）。マーケットに精通している女性をもっと水産業成長の原動力にできないか。水産資源管理やバリューチェーンにも女性の声を反映させるのである。女性が加わることで多様性が高まり、発想力が豊かになる。男性も刺激を受けて、より成果を出そうとする。

　途上国では、たくさん獲れるために安価で、しかも栄養豊富な大衆魚の消費拡大による食生活の改善がクローズアップされている。だが、一般市民の多くは魚の健康効果を知らない。食生活が単調である。日本はイワシ、アジ、サバの食べ方の宝庫である（日本調理科学会 2018）。大衆魚の缶詰のレシピに関する情報も蓄積されている。魚の調理技術は、それだけで価値となる。食を通じた国際協力、国際貢献が増えることが期待される。

6 参考文献

ブランド総合研究所（2022）. 水産バリューチェーン構築に向けて.
  https://www.jfa.maff.go.jp/j/kakou/attach/pdf/value_chain-95.pdf

婁小波（2020）. バリューチェーンとは何か. 令和2年度千葉県水産物バリュー
  チェーン研修会資料.

牧野光琢（2020）. 日本の海洋保全政策―開発・利用との調和をめざして. 東
  京大学出版会.

農林水産省（2023）. 海外における日本食レストランの概数.
  https://www.maff.go.jp/j/press/yushutu_kokusai/kikaku/attach/
  pdf/231013_12-2.pdf

農林中央金庫（2023）. 訪日外国人からみた日本の"食"に関する調査〜日本
  に滞在したことのある5カ国の1200人に聞く〜.
  https://www.nochubank.or.jp/efforts/pdf/research_2023_01.pdf

日本調理科学会（2018）. 伝え継ぐ日本の家庭料理 魚のおかず いわし・さば
  など. 農山漁村文化協会.

太田雅士（2022）. 地魚の文化誌―魚食をめぐる人の営み. 創元社.

末永聡（2000）. 漁業者による自主的漁業資源管理政策に関する研究―ハタハ
  タ漁のケーススタディ（修士論文）.
  https://dspace.jaist.ac.jp/dspace/handle/10119/702?locale=ja

綿貫尚彦（2017）. マーケットの視点を取り入れた水産資源管理. 水産資源管
  理の国際協力―開発途上国にとって有効な水産資源管理アプローチと日本の
  技術、知見の活用. 日本水産学会誌83巻6号.
  https://www.jstage.jst.go.jp/article/suisan/83/6/83_WA2444-10/_pdf/-
  char/ja

ヤマサ脇口水産（2022）. 延縄によるキハダマグロ漁業のガイドライン. 第2
  分冊活き締め.

IRD（2002）.Le poulpe *Octopus vulgaris* Sénegal et côtes nord-ouest
  africaines.
  https://horizon.documentation.ird.fr/exl-doc/pleins_textes/
  divers09-03/010029142.pdf

Secretariat of the Pacific Community（2003）.Horizontal Longline Fishing
　Methods and Techniques.
　https://coastfish.spc.int/component/content/article/343-horizontal-
　longline-fishing-methods-and-techniques
Watanuki, Naohiko（2004）.Different Approaches to Responsible Fisheries:
　Global Standards Versus Local Initiatives. IIFET 2004 Japan Proceedings.
　https://ir.library.oregonstate.edu/concern/parent/9g54xj94k/file_sets/
　np193b31z
Watanuki, Naohiko（2017）.Fish less, earn more: an experience of Japanese
　cooperation in Senegal. Symposium Proceedings, No. 13003. The JSFS 85th
　Anniversary Commemorative International Symposium "Fisheries Science
　for Future Generations".
　http://www.jsfs.jp/office/annual_meeting/meeting-program/85th/
　proceeding/pdfs/13003.pdf

コラム　世界をつなぐ粉モンのアイドル「たこ焼」！
Takoyaki, the idol of konamon (flour based foods) that connects the world!

熊谷　真菜
Mana Kumagai

マダコの魅力と大阪人

　「ホンマ、タコの値上げは死活問題ですよ。キロ 3,000 円超えて、材料費の 7 割、タコが占めてます」。

　日本コナモン協会が 2012 年から主宰する「道頓堀たこ焼連合会」のメンバーと会合するたびに出るタコの値上がり問題。高騰というのんきな表現では間に合わないくらい勢いが止まらない。がこれは最近の傾向ではなく、私がたこ焼調査を始めて 10 年くらいの 1990 年代から話題にあがっていた。タコの価格高騰が話題になると、たこ焼研究家の私にメディアから電話がかかってきて、紙面を騒がせてきたが、当時キロ 1,000 円もしなかったゆでダコが、なぜこんなに高くなってしまったのか。

　そもそも大阪人はタコ好きだ。大阪人だけでなく、大阪湾を取り囲むエリア、関西の人はタコ好きだ。タコ飯、タコの握り、タコの酢の物、タコの関東煮、タコの天ぷら、タコのお好み焼・・歴史としては 100 年に満たないがタコ焼も忘れてはなるまい。

　タコは量を食べるものではないが、脚の部分の吸盤の見た目、そ

セネガルブースでたこ焼の振舞い
東京シーフードショー

の独特の食感、味わい、赤い色つや、栄養価・・かなり優秀な食材である。すぐにゆがけば日持ちもするし、古くは頭と思われている胴の部分は季節によってはタダ同然で取引されていた。

料理人らに「明石鯛に明石蛸」とブランド魚介類として高く評価されてきた、明石のタコ壺漁は、タコ壺の陶器を焼く職人さ

セネガルのウマル・ゲイ大臣と筆者

んが何軒もあるほどの産業で、タコをハンガーにかけたように浜辺に並べて干しダコにすることも当たり前の光景だった。もっとさかのぼれば弥生時代からタコ壺漁を行い、瀬戸内から大阪湾一帯はタコのなかでも、もっともおいしい

セネタコ試食会のポスター

年表：世界をつなぐ「たこ焼」

年	主　な　出　来　事
2003～	セネガルで JICA、世界銀行、EU がタコ漁など水産技術や物流を支援
2007	インドネシア・ジョグジャカルタの王女のたこ焼ショップ開業をお手伝い、10 年足らずでたこ焼が定着し、スーパーや屋台での手焼きの店が増加
2012	日本コナモン協会としてセネガルのタコ（セネタコ）をたこ焼の店主さんらと盛りあげるプロジェクトがスタート、プレスリリースを配信
2015	セネタコ 1 コンテナ、25 トンの対日輸出が実現、西日本のスーパーで販売
	セネガルのウマル・ゲイ漁業海洋経済大臣が来日、日本コナモン協会は東京シーフードショーにてたこ焼を振舞い「セネタコ」を PR @朝日新聞、水産経済新聞
	「本場のプロがジャッジ！セネタコ焼き試食会」に道頓堀たこ焼連合会の各社が参加、モロッコ産に負けず美味しいと太鼓判@読売テレビ、関西テレビ
2016	輸入量 4 万 7,000 トン、うち約 7 割がモロッコ、モーリタニア産（※日本で流通するタコの半分以上が輸入）、セネガル産は知名度がまだ低い
	セネガルの漁業者、行政官、輸出業者が兵庫県明石浦漁協を訪問し、タコの資源管理と食べ方について学ぶ@神戸新聞
	たこリンピック in 明石、全国 8 つのタコの町が大集合、セネタコはゲスト参加、2012 年にセネガルを訪問したさかなクンとの再会を果たす
2017	関西で「蛸半夏生」キャンペーンがスタート
2018	FIFA ワールドカップ、セネガル戦でセネタコが話題になり、セネタコの魅力を熊谷がコメント@ NHK 全国放送
	チュニジアのタコ普及の一環で、たこ焼の食文化セミナーにてプレゼン@ JICA 横浜
2019	NY コナモンフェスティバルでたこ焼屋台が大人気、ラーメン店でたこ焼がサイドメニューとして定着
2022	セネガルで産卵用タコ壺作りを通じた漁村女性の所得創出@ TBS 系列「世界くらべてみたら」

チュニジア研修員と食文化セミナー

とされるマダコの生息地だった。

　瀬戸内のタコがなぜおいしいかというと、砂地なのでタコが脚をふんばっ
て、ウニや貝類をバクバク食べて育つから。環境によっては海藻を食べるタコ
もいるが、瀬戸内のタコはグルメだから、味がちがうねんと豪語する料理人も
多い。マダコにとって最良の環境が瀬戸内から大阪湾沿岸、泉州の泉ダコのエ
リアまで何千年と広がっていたのだろう。フランスの思想家ロジェ・カイヨワ
の『蛸』の言説から思うのだが、私たち人間はタコに自らを重ね、自由で気ま
まな生き方をタコに託す。何だかとらえどころがないけれど、味も食感も満足
できるタコへの愛着とリスペクト。しかも「うもうて安い」おいしくて安価で
あれば、食材としては最強だ。それが何千年も続いているのだから、関西のタ
コ好きは完全に DNA に組み込まれている。

「セネタコ」大作戦

　日本のたこ焼店が使うタコの多くが輸入、しかもモロッコ、モーリタニア産
になり、乱獲によって枯渇するというニュースが 1990 年代から話題になって
いた。そんななか、モロッコ、モーリタニアに続くタコの供給国として、セネ

シンガポールでたこ焼教室

ガルが選ばれたのはモーリタニアに隣接した漁業国であり、寒流と暖流がぶつかる豊かな漁場や、就業者の6人の1人が漁業に従事していること、年間水揚げ量は約40万トン、うちマダコは約1万トンという点も大きな要素だった。

2012年綿貫氏から相談を受けたときに、セネガルのタコなら「セネタコですね」と私のイメージが一気にふくらんだ。綿貫氏は熱く語る。タコの漁獲量を安定させるための資源管理とタコを日本へ輸出するための品質管理が重要で、獲れたタコが動き回って逃げないようカヌーに打ち付けて動かないようにして浜まで運ぶのが品質を下げる大きな原因だった。そこで、みかん袋のようなネットをカヌーの外側につけ海に浸し、タコをそこに入れる方法で一気に解消したというエピソードが印象的だった。その後、セネガルの大臣はじめ、漁業関係者と交流し、未知の国セネガルを身近に感じることができた。

サステナブルな漁業のために携わる人々がボトムアップで、禁漁期間などルールを決めてタコをとることも進み、資源にやさしい漁法でタコの漁獲量をふやすことが定着した。いまでは明石でも途絶えてしまった素焼きのタコ壺（産卵用）にこだわるなど、日本のタコ漁文化がセネガルで継承されているのも有難いことだ。

セネガルでも蛸半夏生（たこはんげしょう）！

　タコを食べる食文化は古来からだが、夏至から数えて 11 日目、7 月初旬の半夏生にタコを食べる習慣もその一端だ。田植えも終わり、暑くなるまえの栄養補給として海藤花（かいとうげ：タコの卵巣）を抱えるタコを食べる習慣を「蛸半夏生」と呼んで、たこ焼店の皆さんと盛りあげている。

インドネシア王女のたこ焼店

　昭和初期に大阪で生まれたたこ焼は昭和 30 年代、とろみのあるソースと青のり、けずり粉をかけられ完成された。1985 年には冷凍たこ焼が国内で作られ、現在の海外生産はたこ焼市場の半分を担う。

　ソウル、上海、台北、クアラルンプール、ジャカルタ、シンガポール、バンコク、パリ、ニューヨーク・・海外に広まる大阪たこ焼。その材料として不可欠のタコがアフリカの皆さんの仕事によって支えられていることに感謝しながら、今日もたこ焼店巡りに勤しんでいる。

第 15 章　ジェンダーと水産協力
Gender and fisheries Cooperation

足立　久美子

Kumiko Adachi

1　はじめに

　日本の ODA（政府開発援助）におけるジェンダーに関する情報は、外務省の Web ページ「ジェンダー分野をめぐる国際潮流[1]」や具体的な情報として、JICA が掲げる「ジェンダー平等と女性のエンパワメント[2]」の Web サイトがある。また、同サイトに執務参考資料として「「農業・農村開発とジェンダー」自習用教材[3]」、「JICA 事業におけるジェンダー主流化のための手引き（更新日：2023 年 1 月）[4]」がある。

　さらに、アジア地域のジェンダーと水産に関する調査・研究報告等については、Asian Institute of Technology: AIT（アジア工科大学院大学）の教授であり、水産分野におけるジェンダー研究の先駆者である日下部京子先生がまとめ 2022 年に FAO から出版された「WOMEN AND MEN IN SMALL-SCALE FISHERIES AND AQUACULTURE IN ASIA, Barriers, constraints and opportunities towards equality and secure livelihoods[5]」をお勧めする。この報告書で日下部先生は、過去 10 年間の水産分野におけるジェンダーの調査・研究などを整理し、今後の研究への提言を行っている。巻末には充実した「Bibliography for gender and fisheries」、「Bibliography for gender and aquaculture」があるので、これからジェンダーと水産協力を学ぶ人材にとって大変有益である。

---

1)　https://www.mofa.go.jp/mofaj/gaiko/oda/bunya/gender/index.html

2)　https://www.jica.go.jp/activities/issues/gender/index.html

3)　https://www.jica.go.jp/activities/issues/gender/materials/agriculture.html

4)　https://www.jica.go.jp/activities/issues/gender/materials/quidance.html

5)　https://doi.org/10.4060/cb9527en

2　私とジェンダーとのかかわり

　私が「ジェンダー」という言葉を初めて耳にしたのは、1998 年 2 月の青年
海外協力隊の派遣前訓練の講習であったが、恥ずかしながら「ジェンダー」と
いう言葉も講習内容も記憶していない。そして、1998 年 4 月から 2 年間、当
時 28 歳になったばかりの私は、バングラデシュ国ナトール県シングラ郡にお
いて「村人への淡水養殖の技術指導」という役割で養殖隊員の活動を開始した。
ご存じの通りバングラデシュは、昔はヒンドゥー教、現在はイスラム教徒が多
数を占める国であるが、ヒンドゥーの文化・習慣もまだまだ強く感じられ、当
時は最貧国に位置付けられていた。

　私の赴任は、前任者が帰国してから 2 年弱あいていた。配属先である農村
開発局 6) (Bangladesh Rural Development Board, BRDB) 管下の協同組合シング
ラ郡事務所の事務所長（30 代男性）は、私より数か月前に着任したばかりの
ヒンドゥー教徒であった。配属先は、収入向上のトレーニングを受けた組合員
が自立できるようにマイクロクレジットで支援するところであった。

　ナトール県シングラ郡はバ国の中央に位置し、雨季になると水没することで
有名な地域であり、乾季になると乾燥で地面がひび割れることでも有名な地
域であった。協力隊の前任者（20 代男性）は、オートバイに乗り広範囲で養
殖普及活動を実施していたが、私は女性のため前任者と同じ行動・活動ができ
なかった、というより行動させてもらえなかった。直接のカウンターパート職
員（以下 CP）は熱心なイスラム教徒（40 代男性）で、彼は彼の規範で判断し、
外国人女性がここにいることも農村をうろつくことも拒絶していた。

　この事務所には、6 名の職員（男女半々、全員イスラム教徒）が配属されて
おり、毎日担当の農村を巡回しながらお金を回収する業務を担っていた。事務
所には、返済日前後になると農村在住の組合員（ほぼ女性）と組合員が連れて
きた子供であふれていた。私は、この女性達と話をして「家の横に池（家を作
るために掘ってできた穴）がある」、「魚がいる」、「料理くず、食器を洗い、食
べカスは池へ入れている」、「水浴びする」ということを聞いていた。そこで私は、

---

6)　当時の名称は農村開発局 (Bangladesh Rural Development Board, BRDB) 、最近
　は農村開発公社である。JICA 報告書（地方行政強化事業準備調査 2015）で確認。
　https://openjicareport.jica.go.jp/pdf/12231197.pdf

職員に同行し集金日の集会において「養殖のお話」と「女性への個別養殖指導」
を提案したが、CP による「女性は裁縫と手芸、女性は養殖しないから指導不要」
という主張もあり、着任後の数か月は農村へ行く許可を得ることができなかっ
た。CP の許可が下りないと、職員は私を農村へ同行させることができなかった。

　私は、日本でも様々な場面において男女の差を痛感していたが、バングラデ
シュの 2 年間では、隊員活動への理解を得られないことだけでなく、生存す
ることにおいても男女の違い・社会規範に縛られ続けた。

　乾季になったころから、女性職員と一緒に農村へ行くことができるように
なった。CP が許可した理由の 1 つは、私とよく話をしてくれた組合員（女性）が、
「自分の池、魚を見てもらいたい。外国人を見るために組合員も集まり、お金
を回収しやすくなるかも」と担当の女性職員と一緒に何回か CP へ話をしたこ
とであった。CP にとって、予定通りお金が回収できることは理想的なことで
あり、お互いの利益が合致した。農村巡回が可能になったのは私の努力ではな
く、そこにいる女性達の力であった。それからは、男性職員にも同行して巡回
ができる体制が整った。

　当時は、農村の男性も養殖に関する情報を得る機会は少なかったが、女性達
が養殖に関する情報に接することが全くなかったことから、実際に魚の面倒を
見ている女性（と家族）へ地の利を利用した裏庭養殖・混合養殖、家禽との複
合養殖、公立水産センターとのやり取り等を教える活動を行った。

　帰国前の 2000 年 3 月中旬に、首都ダッカで何かの研修を受講し戻ってき
た上司から「ジェンダーを知っているか？」と質問された。私は「知りません、
何ですか？」と答えたところ、上司は「帰国したら調べてみては」と教えてく
れなかった。

　「ジェンダーの定義」が国際社会で普及したのは「1995 年の北京会議が契
機[7]」といわれている。WID やジェンダー概念の国際的潮流は、1970 年代から
「開発における女性（WID：Women in Development）」アプローチが、1980
年代より「ジェンダーと開発（GAD：Gender and Development）」アプローチ

---

7)　https://www.gender.go.jp/kaigi/senmon/keikaku/pdf/genderhyougen.pdf

が導入されるようになった[8]。

　バングラデシュは、主に女性を対象にしたグラミンバンク (Grameen Bank, 1983 年設立) のマイクロクレジットや他の団体・NGO 含め、女性に対する支援が盛んな国であった。私は、マイクロクレジットを現状の生活を改善するための手段として利用できていない女性と多く出会った。その時の私は、「女性＝裁縫、こういう典型的な考え方でいろいろな情報を得る機会が少ないのは、どこも同じ」と思っただけであった。

　2000 年 5 月、青年海外協力隊の派遣前技術研修で指導を受けた株式会社国際水産技術開発へ帰国の挨拶に向かった。そして、当時の社長である池ノ上宏氏から「これからの ODA 水産開発には女性の専門家が必要だ」との言葉を受けて入社した。「水産（水産というと主に漁獲漁業がイメージされる）は男性の仕事」は、まだまだ合言葉のような時代だった。

3　ジェンダーの視点の導入と主流化に向けた JICA 水産分野本邦研修の一例
3-1. 本邦研修

　入社後すぐの大きな業務は、2000 年 11 月から国際協力事業団 神奈川国際水産研修センター（現在の JICA 横浜）が実施する JICA 集団研修「漁村における女性指導養成セミナー」であった。この研修が企画された経緯[9]の概略は以下である。JICA は漁業、増養殖、水産加工、船舶機関・船体保守等の技術協力を行ってきたが、女性のエンパワンメントの重要性が注目されるようになり、水産分野において女性が様々な活動に携わり大きな役割を果たしていることが見えてきた。それまで、JICA 水産分野協力において女性に焦点を当てたことが無かったために、「漁村における女性の役割を見直し、女性の意思決定プロセスへの参加や資本・技術・情報へのアクセス能力および体制整備を図る[10]」という画期的な考えを取り入れ企画された。そして、当時のセンター長であっ

---

8)　日本国外務省広報・資料　報告書・資料、第 2 章　WID/ ジェンダー概念の国際的潮流
　　https://www.mofa.go.jp/mofaj/gaiko/oda/shiryo/hyouka/kunibetu/gai/wid/jk00_01_0201.html

9)　https://libopac.jica.go.jp/images/report/P0000002652.html

10)　https://www.spf.org/opri/newsletter/21_1.html

た佐々木直義 [9] [10] 氏、研修室長の萱島信子 [9] [11] 氏、社会開発協力部部長田中由美子 [8] [12] 氏の尽力により実現された。

　この研修コースの目的は、「漁村女性の活動支援に携わる中央／地方政府職員及び NGO 職員が、効果的な漁村女性の活動支援方法を学ぶことによって、各国の漁村女性のエンパワンメントを図るとともに、ジェンダーの視点を考慮した住民参加型地域開発により漁村の生活改善、所得向上や適切な漁業資源の管理利用の促進に資すること [9]」である。研修内容は、日本及び諸外国の漁村女性支援に関する事例、漁村女性の組織化とエンパワンメント、WID/GAD や社会ジェンダー分析手法の理解等が組み込まれた。研修は、座学だけでなくワークショップや漁業地域の視察ならびに、漁協女性部や漁業者との意見交換も組み合わされていた。

　日本でも一般的に、男女両方が「漁業は男性の仕事、漁港は男の仕事場」と考えている傾向は強い。そこへ「水産分野と漁業・漁村の発展のために、女性の貢献を正しく評価し、女性の活動を支援しよう」という視点を導入しようとすると、「女性を差別してはいない」、「すでに女性の貢献を評価しているのに」等、私は研修を通じていろいろな男性からの反応を経験してきた。

　初期の研修は、「女性の関与を高めること」に重点が置かれていたが、ジェンダー主流化の重要性についての認識の広がりを受け、研修タイトルと内容は年々改良され、住民主体参加型ワークショップ、グリーンツーリズムや地産地消・もったいない・漁業地域の活性化等を取り入れ、漁村における女性の小規模起業を中心的テーマに据える方向へと内容を発展的に更新しながら 16 年間継続された（表 15-1 参照）。

　2000 年度から開始された当該研修の研修背景・目標等の概要を、研修実施要綱から要約・抜粋し、表 15-2 に記載した。

　当該研修の主軸となる「ジェンダーと開発 / 社会ジェンダー分析」の講義と演習は、研修開始から 16 年間、JICA プロジェクト及び UN Development Fund for Women (UNIFEM) での経験がある三輪敦子氏（現関西学院大学 SGU

---

11)　https://www.jica.go.jp/jica-ri/ja/experts/kayashima-nobuko.html

12)　https://www.jiu.ac.jp/news/detail/id=12011

表 15-1　ジェンダー視点の導入と主流化に向けた水産分野の研修名

実施年度	英語名	日本語名
2000〜2001	Seminar on Women's Activities in Fishing Villages	漁村における女性指導者養成セミナー
2002〜2004	Seminar on Gender Understanding in Fishing Community Development	漁村開発におけるジェンダーセミナー
2005〜2012	Gender Mainstreaming in Fishing Community Development	漁村開発におけるジェンダー主流化
2013〜2015	Gender and Small Scale Fisheries Entrepreneurship for Fishing Community Development	ジェンダーの視点に立った漁村開発（水産起業支援）

注）表 1. は、株式会社国際水産技術開発が担当した研修のみ記載。JICA 横浜では「ジェ
　ンダーの視点に立った漁村開発（水産起業支援）」研修が 2019 年度まで毎年度 1 回、
　実施された。

表 15-2　研修背景・目標等の概要の更新

実施年度	英語/日本語	研修背景・目標等の概要
2000〜2001	Seminar on Women's Activities in Fishing Villages 漁村における女性指導者養成セミナー	効果的な漁村女性の活動支援方法を学び、自国の漁村女性のエンパワメントを図るとともに、ジェンダーの視点を考慮した住民参加型地域開発により漁村の生活改善、所得向上や適切な漁業資源の管理利用の促進に資する。
2002〜2004	Seminar on Gender Understanding in Fishing Community Development 漁村開発におけるジェンダーセミナー	効果的な漁村女性の活動支援方法を学び、各国の漁村振興に役立つ活動を実施し、漁村の生活改善、所得向上や適切な漁業資源の管理利用の促進に資する。
2005〜2012	Gender Mainstreaming in Fishing Community Development 漁村開発におけるジェンダー主流化	漁村における起業は、都市における多くの事業のように職場と家庭が画然と区別されていないため、男女の協力が成功のための必須の条件となる。研修員は日本と自国の状況と事例を比較しながら、所得向上のためのプロジェクトプランを作成する。
2013〜2015	Gender and Small Scale Fisheries Entrepreneurship for Fishing Community Development ジェンダーの視点に立った漁村開発（水産起業支援）	発展途上国、漁村における貧困・経済格差問題の解決を目指し、男女間の労働分担を図った自然・社会・経済状況に応じた地場産業の育成を図る。そのために、農山漁村における男女共同参画（ジェンダーの視点に立った）による小規模地場産業の起業計画案を作成し、帰国後、計画案を実行に向けて関係者と共有する。

招聘客員教授であり（一社）SDGs 市民社会ネットワーク共同代表理事）が担当し、そして、「日本の事例紹介」は、日本国内の漁村女性に着目し男女共同参画による漁村振興に取り組んでいる関いずみ氏（現東海大学人文学部、教授）が担当した。私は 2 名の講師と協力し、内容を更新しながら研修を実施した。

　三輪講師による「水産分野におけるジェンダーと開発 / 社会ジェンダー分析」の講義と演習は、4 日間行われた。研修は、水産分野における女性と男性の重要な貢献について理解することから始まった。そして、研修員自身のコミュニティ / 業務対象コミュニティをジェンダーの視点から分析 / 理解し、また社会分析・ジェンダー分析手法を実施・活用できるよう支援し、水産分野におけるジェンダー主流化のためのアクションプランに分析を反映させる、という流れ

表3. 参加国別研修員受入実績

地域	国名	2015度 女性	2015度 男性	2014度 女性	2014度 男性	2013度 女性	2013度 男性	2012度 女性	2012度 男性	2011度 女性	2011度 男性	2010度 女性	2010度 男性	2009度 女性	2009度 男性	2008度 女性	2008度 男性	2007度 女性	2007度 男性	2006度 女性	2006度 男性	2005度 女性	2005度 男性	2004年度 女性	2004年度 男性	2003年度 女性	2003年度 男性	2002年度 女性	2002年度 男性	2001年度 女性	2001年度 男性	2000年度 女性	2000年度 男性	合計	国名	国別男女数 女性	国別男女数 男性
	合計人数	8		8		7		10		8		7		6		5		7		6		6		7		9		9		10		8		121			
	男女別人数	3	5	6	2	3	4	6	4	4	4	6	1	5	1	1	4	3	4	2	4	3	3	6	1	3	6	6	4	7	2	6	2	121			
アジア	マレーシア																									1		1						3	マレーシア	1	2
	ラオス							2		1	1		1			2		1	1	1		1	1	1			2		1		1		1	18	ラオス	15	3
	タイ							1	1	1	1																		1		1		1	6	タイ	4	2
	インド																											1	1					2	インド	1	1
	スリランカ																			1										2	1			4	スリランカ	2	2
	フィリピン			1			1																	1	2		2		1					6	フィリピン	5	1
	カンボジア																		1	1		1						1	1					7	カンボジア	4	3
	バングラディシュ																							1				1						2	バングラディシュ	2	0
	ミャンマー	1	1					1	1																			1						7	ミャンマー	4	3
	ネパール																							1									1	2	ネパール	0	2
	中国																																1	1	中国	0	1
	インドネシア			1																1		2			1									4	インドネシア	1	3
アフリカ	東ティモール													1		1																		3	東ティモール	1	2
	ギニア																	1							1									2	ギニア	2	0
	コートジボアール																			2						1								3	コートジボアール	0	3
	タンザニア																					1		1		1		1						4	タンザニア	2	2
	セネガル																							1										1	セネガル	0	1
	マラウィ																																	1	マラウィ	1	0
	ザンビア	1	1	1	1	1	1																											6	ザンビア	3	3
	モーリタニア			1		1																												2	モーリタニア	1	1
	マダガスカル				2		1									1																		4	マダガスカル	3	1
	ベナン							1	1	1	1	2				2		2	1	1														12	ベナン	5	7
	ブルキナファソ								1																									1	ブルキナファソ	0	1
	マリ																	1																1	マリ	0	1
	ウガンダ															1																		1	ウガンダ	1	0
	モロッコ																			1														1	モロッコ	0	1
南米	ペルー											1				1												1						3	ペルー	3	0
	ニカラグア																																	1	ニカラグア	1	0
	エルサルバドル							1	1	1																								3	エルサルバドル	2	1
大洋州	トンガ															1																		1	トンガ	1	0
	ミクロネシア			1	1																													2	ミクロネシア	1	1
	PNG			1	2	1																												5	PNG	2	3
	バヌアツ	1																																1	バヌアツ	1	0
	マーシャル																																	1	マーシャル	0	1
																																				71	50

注）データは株式会社国際水産技術開発の記録による。

だった。この 4 日間の研修は、自分で考え自己を見つめなおし「気づき」を得られたと、研修員から高く評価された。

　また、日本の漁業地域の事例紹介と視察は、主に関講師の計画とファシリテートによるところが大変大きい。関講師による講義等から「女性は重要であるが見えない存在」であるため、「男性と同じように得られるはずのものが簡単に得られにくい」、ということを研修員は改めて知ることになった。

　このように、当該研修は、研修員への「気づき」を促すことを大切にした研修内容で組み立てられた。開始から 2015 年度までに参加した国数は 34 か国、研修員数は 121 名であった。

3-2.　ソフト型フォローアップ事業（本邦協力機関活動支援）の実施

　当該研修では帰国研修員のフォローアップとして「平成 22 年度（2010 年度）ソフト型フォローアップ事業（本邦協力機関活動支援）」をラオスと東ティモールで実施した。ラオスへの活動支援は、上述の三輪敦子氏と足立の 2 名で、東ティモールは足立 1 名で実施した。事業の目的は、「帰国研修員が本邦研修終了時に作成したアクションプランをより効果的に実現させるため、現地訪問し、技術的な支援を行うこと。そして、帰国研修員の事後現況調査を行うことで、次年度のカリキュラムが帰国後のアクションプラン実施を重視したより実践的な内容とすること」である。具体的な業務は、政府機関を対象にしたワークショップの開催支援（コミュニティ調査準備及びアクションプランの改訂指

ラオス国：政府職員を対象にしたワークショップ：ファシリテーターは 2 名の帰国研修員

ラオス国：事前に帰国研修員によりラオス語に翻訳された Gender Activity Profile in Fishing Community を職員が試している

導）、ジェンダー分析手法を活用したコミュニティ調査の実施指導、コミュニティ住民を対象にしたワークショップの開催支援（コミュニティ調査結果の共有、水産加工・衛生管理デモンストレーション等）である。

　ラオス国では農林省畜水産局職員を対象に5日間の現地活動を行った。漁村での衛生的な加工の指導・水産加工デモンストレーションでは、当初は「加工は女性の役割・仕事」という思い込みで、漁村女性を対象として予定を組んだが、実は男性も加工作業を学びたかったということがわかり、男性も参加してデモンストレーションを実施した。また、漁村住民へのDaily Activity分析を行ったことで、妻と夫の時間の使い方が明らかになり、そのことにより妻の漁業への貢献が可視化でき、夫の意識が自発的に変わる瞬間を畜水産局職員は実際に見ることができた。

　今では理解が広まってきているが、村落ジェンダー調査を実施することで、村落コミュニティのジェンダー状況についてわかっていなかったこと、女性の貢献として見えておらず、従って認識できていなかったことが「事実として見える」ことになり、当事者の自発的な「変化」、職員の思い込みを払拭する現場活動となった。

　ラオスだけでなく、いつでもどこでも「ジェンダー平等 (Gender equality)はどういうことか？」という質問がある。この現地フォローアップを通じて、畜水産局職員には「男性と女性が常に同数で全く同じことをする」ということ

ラオス国：村落ジェンダー状況調査（Daily Use Survey）：夫が妻へ向けてDaily Activityを説明

ラオス国：村落ジェンダー状況調査（Daily Use Survey）：妻が夫へ向けてDaily Activityを説明

では必ずしもなく、「男女双方の貢献を正しく理解し、特に水産業の分野では加工やマーケティングにおける女性の重要な貢献を評価し、男女が水産業における平等なパートナーとしてお互いの貢献をリスペクトし、水産業の発展に向けて共に力をあわせること」を強調した。

　最終日に、三輪講師がファシリテーターとして、農林省畜水産局職員対象にラップアップワークショップを実施した。職員達の「気づき」のうちの1つは、「村落ジェンダー調査から、男性・女性の活動・役割がわかり、それぞれの貢献を理解しあうことができたこと」、「自分達の生活を良くするために、お互いができることがある、ということを発見したこと」があげられた。そして、三輪講師のファシリテートにより職員達は、「加工者が自発的に持続的に活動できるように促すことが必要。そのために、ジェンダーの視点に立ったビジネスプラン、利益を上げるためのマネジメント等を支援することが重要である」との結論を得た。

　これらを踏まえて本邦研修の内容は、さらに、「ジェンダーの視点での水産起業支援が重要」に焦点を置くようになった。

3-3.　本邦研修の成果

　それでは、本邦研修の成果はどうなのか？ということが気になる方が多いと思う。JICA 研修の基本的な考えは、「人づくり」と記憶している。研修員が帰国後すぐに、自国に対して大きな変化を与えることができるか、プロジェクトを計画・実行できるか、と投げかけられたら、配属先の年間計画や予算の関係もありそれほど単純なことではない、と答えるしかない。しかしながら、当該研修を担当した一人として私は、当該研修を通じて研修員が覚醒した「気づき」を「他の人へ『気づき』を広める」、という地味であるが、資金を掛けずに通常業務でもできることを研修員がおこなうことも、立派な成果だと考えている。

　ラオス国の場合、JICA 養殖普及プロジェクト (AQIP I & II) が実施中だったこともあり、ジェンダーの視点に立った活動が実施され、研修で学んだことを業務で役立てられ成果が表れていた。ミャンマー国の場合も JICA 小規模養殖普及プロジェクト (SAEP, SAEP in CDZ) が実施中であり、カウンターパートである帰国研修員が他職員へジェンダーの視点・取り組み方を説明する、ジェンダー担当として他ドナーのプロジェクトのカウンターパートになった等、JICA

の考え方が広まっていた。

　では、JICA 水産分野プロジェクトが実施されていなかった国ではどうか？
と言われると、すべてを把握していないが、バングラデシュの女性帰国研修員
は県水産事務所長（定年退職した）に、ニカラグアでは副局長まで出世してい
る。この出世は、ジェンダーバランスによるものかは把握していないが、帰国
研修員達が意思決定の役職についたことで、ジェンダー視点の導入と主流化へ
の取組への関心が継続される可能性がある、と信じている。

　また、関いずみ講師の紹介で、日本で研修員の視察を受け入れてくれた漁業
地域の女性グループは、任意団体から株式会社へと起業し、加工販売だけで
なくレストラン経営まで幅広く起業しているところもある。当時リーダーだっ
た女性は、「研修員の視察は刺激になる」と積極的に視察を受け入れてくれた。
そして、ある漁協女性部は、「JICA 研修が刺激になった」と地域の催し物だけ
での加工販売活動から、常設販売へ取り組んだところもあった。

　本邦研修は、研修員だけでなく受け入れた日本側にも良い影響を与えている
と、他分野の研修からも聞こえてくる。日本側への影響・変化・進展も、本邦
研修の成果とみなしてもいいのではないか、と私は思っている。

4　水産分野のジェンダー状況調査法の一例

　私の業務歴は ODA に関する業務、小規模・生計向上・生活の質の向上に
関わる案件が比較的多く、これらの案件におけるジェンダー状況調査のた
めに、上述した三輪氏と共に作成した「Gender Activity Profile in Fishing
Community」チェックシートを使用している。このチェックシートは、誰が
どの作業をするかを可視化し、現状分析及び男女双方の貢献、今後の活動の方
向性を導くことに役立つものである。そして、このチェックシートは、JICA
本邦研修「水産分野におけるジェンダーと開発／社会ジェンダー分析」の講義・
演習の教材として利用している。

　村落調査の実施前に、カウンターパートと一緒に質問内容を理解しながら、
その地域の現状に沿うように変更し、現地語に翻訳を行う。調査対象者は、村
落にいる男女子供である。回答するために必要な状況は、回答者が誰にも気兼
ねなく自分の言葉で答えられる環境にすることである。私達の場合は、女性と

男性を分けて質問するように心がけている。そして、最後に回答者全員と内容を共有する。

　チェックシートの水産活動分類と質問数は、1.Marine Capture Fisheries Activities(1-35)、2.Freshwater Capture Fisheries Activities(1-50)、3.Marine Aquaculture Activities(1-44)、4.Freshwater Aquaculture Activities(1-66)、5.Processing Activities for Selling(1-25)、6.Marketing Activities(1-18)、7.Reproductive Activities(1-18)、8.Community Work(1-14)、である。すべてのシートを掲載できないので、下に 1.Marine Capture Fisheries Activities と 4.Freshwater Aquaculture Activities のチェックシートの一部を抜粋した（表15-4）。また、調査例として、2010 年に東ティモールで実際に使用した、漁獲 (Capture Fisheries Activates) と販売 (Marketing Activities) のチェックシートの一部を紹介する（表 15-5）。チェックシートへの記入の仕方は、その時の調査の進め方により変わる。表 15-5 の「バツ印」の多さは、労働の量（回答者の主観）を示している。例えば、「(Capture fisheries activates) の 1 .Catching fish in pond は、Man, Woman, Boy, Girl 皆行うが、Boy が頻繁に行う。けれど、2.Catching fish in tide pool では、Women がよく魚を取る」。

表 15-4　「Gender Activity Profile in Fishing Community」の抜粋

表15-5　東ティモール調査　チェックシートの一部

Profile Aktividades Generu baá Komunidade Costeiro

No.	Capture fisheries activities/Aktividades pescas	Man	Woman	Boy	Girl
1	Catching fish in pond/kaer ikan kolam	xx	x	xxx	x
2	Catching fish in tide pool/kaer ikan iha klm psg	x	xxx	xx	x
3	Catching fish in off shore/kaer ikn iha tasi klean	xxx		x	
4	Catching fish in pelagic sea/ kaer ikan pelajiku	xxx		x	
5	Operation of boat (no engine)/lori bero sem maquina	xxx		x	
6	Operation of small boat with engine/lori bero ho maquina	xxx		x	
7	Operation of big size boat/lori/operasi ró bot				
8	Making fishing boat/halo ró	xx		x	
9	Preparation of fishing gear /preparasaun equipamentus pesca	xxx		x	
10	Operation of Gill net/operasi redi	x			
22	Select fish for consumption/hili ikan ba konsumu uma laran	xx	xx		x
23	Select fish for processing/hili ikan hodi transforma		xxx		x
24	Select fish for selling/seleksi ikan ba faan	xx	x		
25	Packing for selling/bks ka kesi hodi ba faan	xx			
26	Guarding of irregular fishing/tau matan ba pescas ilegal	x			
27	Beach cleaning/hamos tasi ibun	x	x	x	
28	Book keeping for expenditure/income/halo pembukuan		xx		

No.	Marketing activities/Merkadoria	Man	Woman	Boy	Girl
1	Sorting of fish/sortir ikan	xx	x		
2	Transport from boat to market/				
3	Select fish for consumption/hili hodi konsumi		xxx		x
4	Select fish for processing/hili hodi transforma		xx		
5	Select fish for selling/hili hodi faan		xx		
6	Sell small size fish /ikan kiik	x	x		
7	Sell medium size fish/ikan natoon	xx	x		
8	Sell big size fish/ikan boot	x	x		
9	Packing for selling/bks/falun hodi faan	xx			
10	Buying fish from fisher folks/sosa husi aquicultores		xx	x	
11	Buying fish from middleman/sosa ikan husi tenkulak		xx	x	
12	Marketing research		xx		

5　水産協力におけるジェンダー主流化

　JICA のすべての事業案件は、ジェンダー主流化を推進している。私が従事した JICA 案件は、「JICA 事業のジェンダー分類 [13]」における「ジェンダー活動統合案件 Gender Informed (Significant) [GI(S)]」に含まれる案件になる。その定義は、「プロジェクト目標や上位目標にジェンダー平等と女性のエンパワー

---

13)　https://www.jica.go.jp/Resource/activities/issues/gender/ku57pq00002cuce k-att/gender_classification.pdf

メント推進にかかる目標を直接掲げていないが、ジェンダー平等と女性のエンパワーメントに資する具体的な取り組みを明示的に組み入れている案件」である。

　水産分野のプロジェクトは、これまで活動の中心であった漁獲・養殖の技術支援や普及から、沿岸資源管理・水産加工（手工芸含む）・六次産業化・バリューチェーン等広がっている。これまでは「技術」というと、養殖活動では女性も活躍しているにもかかわらず（見えていなかったから）支援の対象は自然と「男性」であった。ジェンダー主流化の重要性が認識されてから、「技術指導」＝「男性、女性」と適切な立場の人に適切な支援が行われるように進展している。

　私が知っている最近のプロジェクトでは、女性のカウンターパートが増えている。プロジェクト実施における相手国へのジェンダー主流化の推進だけでなく、これまでの日本側は男性の専門家ばかりであったが、日本側に水産分野の専門性を持つ女性の専門家・コンサルタントが増えていることはとてもうれしいことである。つまり、日本側の水産協力におけるジェンダーの主流化も進んでいると、やっと胸を張って言えるようになってきている。

コラム　和食を通じた国際貢献
Contribution to international community through washoku

富永　紀子

Noriko Tominaga

　和食は今や世界中で愛される料理となった。おいしさだけでなく、見た目の美しさ、四季折々の海の幸と山の幸、健康ブームに乗ったさっぱりとした味付け、洋風・中華風を取り入れた新たな日本の食文化も注目されている。G7 広島サミットでは「お好み焼き」が話題となった。世界で一番ミシュランの星が多い国は日本である。

　観光庁（2023）[1] によると、訪日外国人（標本数 7,830 人）が旅行前に最も期待していることは、「日本食を食べる」が 40.2% と圧倒的に多く、以下「自然・景勝地観光」9.0%、「ショッピング」8.8%、「温泉入浴」5.1% と続いた。農林中央金庫の調査では、最もおいしかった日本料理は、「すし」が断トツで多く、2 位以下は「ステーキ・焼き肉」「すき焼き」「うなぎ」「天ぷら」「鍋料理」「ラーメン」だった [2]。最近は「田舎に行って、郷土料理が食べたい」という要望や、訪日外国人のニーズが「モノ消費」から「コト消費」へとシフトしており、料理体験への人気が高まっている。

　そんな海外からのお客様の受け皿となっているのが、私が 2016 年に設立した「わしょクック」（外国人向け和食教室）[3] である。ニュージーランドを旅した時に家庭料理がとても美味しくて、「外国人にとってその国の家庭料理はとても価値がある」という気づきがあった [4]。わしょクックは、義理母が作る和

1) https://www.mlit.go.jp/kankocho/siryou/toukei/content/001609726.pdf

2) https://www.nippon.com/ja/japan-data/h01675/

3) http://washocook.com

4) 楠木新（2022）. 転身力 . 中公新書 2704. 中央公論新社 ,

食をモデルにしている。旬の食材を使った家庭料理からトトロのキャラクター弁当まで。特に「厚焼き玉子（甘さがやみつきになる）」「巻き寿司（野菜を詰め込めばヴィーガンも安心）」「出汁の取り方（ゆらゆら動く鰹節が楽しい）」「おにぎり（作るのが苦手な外国人が多い）」が好評である。おしゃれな和食器も喜ばれる。

　会社員時代のマーケッティングスキルを駆使し、SNS や OTA（Online Travel Agent）の活用に加え、大手旅行会社、一般企業とも連携して集客・認知向上を図っている。この原稿を書いている 2023 年 6 月現在、インバウンドバブルが再到来している。和食教室参加者は毎月 100 人を超える。国籍はアメリカ、オーストラリア、シンガポール、香港が多い。遠方の人や国境を越えて多くの人が参加できるよう、オンラインも使っている。また、わしょクックでは認定講師（外国人に和食の魅力を伝える講師）の育成もしており、世界中（日本、アメリカ、ニュージーランド、イタリア、ドイツ、フランスなど）でフランチャイジーとして料理教室を主宰している。

　訪日外国人の目的は「日本料理を学ぶこと」だけではない。「楽しく作って、おいしく食べること」が旅の思い出になる。ポイントは、五感に訴えかけながらレッスンをすること。目で食べて、口で食べて、耳で食べる。感情を揺さぶりながらレッスンすることで、感動を与えることができる。褒めることも大切である。「Wow! This is great! Well done!」。しかし、日本人は褒め下手。外国人は褒め上手で、私たち講師の気分を上げてくれる。

わしょクック（外国人向け和食教室）の様子

キャラ弁を手に満足げな訪日外国人

　先日、元すし職人（わしょクック講師）をフランス・シノンに派遣した。本格的なすしが食べたい！作りたい！すしとワインのマリアージュ！という現地からのリクエストに応えた。食材は現地調達。サーモンは日本でもおなじみだが、スケトウダラ、メルルーサ、ムール貝は初挑戦だった。メルルーサの刺身はビンチョウマグロに似た味で、かなりおいしかったらしい。日本のおかずも作った。フランス人参加者は、この企画に大満足で、「和食をもっと多くの人に広めるべきです。ぜひまたフランスにお越しください」と絶賛したそうだ。

フランス・シノンでの細川勝志氏によるレッスン

　海外ではフランスに限らず和食ブーム。日本人よりも外国人の方が和食に興味をもっているぐらいだ。しかもコロナを経て、お店で食べるだけでなく、家で作る習慣が定着。日本の食材が手に入るようになった今、料理を通した外国人とのビジネスは拡大傾向にある。

　本書の読者の多くは海外通だと思われる。海外に行った経験や英語をはじめとした語学力は、和食を通じた国際間のビジネスにおいてアドバンテージになる。日本で海外からのお客様を笑顔で迎えるもよし、日本の食文化を海外発信するもよし。世界に羽ばたくチャンスがここにある。

すしネタのメルルーサ（左下）、サーモン（右上）、スケトウダラ（右下）

おわりに
Concluding remarks

綿貫　尚彦

Naohiko Watanuki

　日本人による水産分野の協力が実施されているが、世間ではあまり知られていない。もっと情報発信すれば、理解者が増え、ポジティブなフィードバックも得られると思う。様々な立場の日本人が、それぞれの思いでユニークな活動を行っている。日本の経験をベースにした適正技術の追求。問題を解決するアイデアの生み出し。現地とのつながりや信頼関係の構築。その仕事ぶりは、日本人の柔軟性を生かした "Made by Japanese" であり、人に寄り添う "Cool heads but warm hearts" でもある。

　NHK ニュースおはよう日本「変貌する東南アジア」(2023 年 3 月 16 日放送)が印象的だった。かつて東南アジア諸国は途上国というイメージが強かったが、ここ 20 年ほどの経済成長でそのイメージはがらりと変わった。インドネシアのように 20 数年後には GDP で日本を抜くと見込まれている国もある。そんな中で、日本が貧しい東南アジアを助けてあげるという、言ってみれば「上から目線」の意識はもはや時代遅れである。むしろ共に成長するためのパートナー（対等な関係）へと日本側の意識を変えていく必要がある。

　日本人による水産協力に思いを巡らせると、様々な課題があるものの、安堵できる面もある。本書から分かるように、日本人は For ではなく With の協力を展開してきた。地域と人の未来を、共に考え、併走する。日本のスタイルは通用しない。住民ファーストこそが成功のカギである。水産協力の現場で気づく大切なことがある。

　日本人の強みと弱みを考察する必要もある。よく言われることは、日本人は現場型である（漁に同行する、海に潜る、漁村で寝る）。魚の食べ方について詳しい。プロジェクトの成果にこだわる。語学が苦手である。相手国政府への食い込みが浅い。次から次へと対象国を変える。本書を読んで、日本人の良さ

と可能性、改めるべき点を見いだしていただき、水産協力を見直すきっかけとなれば幸いである。

　水産協力に求められるスキルも変わってきた。限られた水産資源の高付加価値化。水産業へのIT活用。災害に強い漁業・養殖業。魚食の多様化による栄養改善。水産における男女共同参画。他セクターと連携して行う地域おこし。国際機関及び他ドナーとの協調。水産分野は広く、進展も著しい。だからこそ、良いパートナーシップを築くことが望まれる。

　今回、水産協力に携わる22名の専門家からご寄稿をいただいた。読後、産学官民のアプローチを組み合わせれば、水産協力がより充実すると思われた。黒倉壽様、牧野光琢様、関いずみ様から有益なご助言をいただいた。北斗書房の山本義樹様には懇切丁寧なご指導をいただいた。心よりお礼を申し上げる。

執筆者
Authors

●八木　信行（やぎ　のぶゆき）
神奈川県生まれ　ペンシルバニア大学大学院ウォートンスクール経営学修
士。論文審査により東京大学から博士（農学）取得。2019 年カンボジア王
国友好勲章（Royal Order of Sahametrei）受賞。
所属：東京大学大学院農学生命科学研究科　教授
研究分野：水産政策、マーケティング、地域開発
主な著書：八木信行編（2020）. 水産改革と魚食の未来. 恒星社厚生閣.
pp200. ほか多数。論文検索キーは、ORCID ID: 0000-0002-7140-8498,
Scopus Author ID: 7102277737。

●加藤　泰久（かとう　やすひさ）
中国北京生まれ　北海道大学大学院水産学専攻科　水産学博士
略歴：OAFIC 代表取締役、アジア開発銀行（ADB）内部コンサルタント、
海外水産コンサルタンツ協会（OFCA）筆頭発起人、国連食糧農業機関
（FAO）水産局事業部長、水産局政策企画部長、東南アジア漁業開発センター
（SEAFDEC）特別顧問、鹿児島大学国際戦略本部教授、世界銀行プロジェク
ト「ベトナム沿岸資源の持続的利用」首席技術顧問

●江端　秀剛（えばた　ひでたか）
滋賀県生まれ　北海道大学水産学部・水産科学研究科　修士
所属：水産エンジニアリング株式会社　技術部主査
専門分野と略歴：化学工学、生産開発、飲食業経営等。化学メーカー勤務、
飲食業経営を経て水産インフラ整備案件等の水産 ODA に携わる。モーリタ
ニア国水産訓練センター整備計画、バングラデシュ国コックスバザールにお
けるバングラデシュ漁業開発公社水産センター整備計画等に従事した経験を

持つ。

主な特許、論文等：難燃性皮革様シートおよび皮革様シートの難燃加工方法 (特許第 4633606 号)、皮革様シート (特許第 4024691 号、特許第 4024692 号)、アミノ酸を基質としたバクテリア増殖過程における基質荷電基数の影響

●高橋　邦明（たかはし　くにあき）

東京都生まれ、国際基督教大学・教養学部社会科学科卒業

所属：水産エンジニアリング株式会社　会長

専門分野と略歴：社会経済分析、漁業実態調査、水産施設運営等。1978 年よりアフリカ諸国、大洋州諸国、アジア諸国、中南米などの途上国における水産無償資金協力案件、技術協力プロジェクト案件に従事、20 件以上の案件において業務主任・総括を務め、漁港、水揚施設、魚市場、水産研究所、漁業訓練施設等の施設計画の他、漁船 (訓練船) 建造にかかる船舶計画のとりまとめを行なった幅広い実績をもつ。

主な表彰歴：(一社) 大日本水産会の令和元年度「水産功績者」(2019 年 11 月)

●有元　貴文（ありもと　たかふみ）

東京都生まれ、東京水産大学大学院修士課程修了　農学博士

所属：東京海洋大学名誉教授

研究分野：魚群行動学，漁具漁法学

主な著書：「魚はなぜ群れで泳ぐか」大修館書店，2007

「Behavior of marine fishes : Capture process and conservation challenges」Wiley-Blackwell, 2010

「魚類の行動研究と水産資源管理」恒星社厚生閣，2013

●堀　美菜（ほり　みな）
東京大学大学院農学生命科学研究科修了　博士（農学）
所属：高知大学教育研究部総合科学系黒潮圏科学部門　准教授
研究分野：小規模漁業、資源管理、水産物流通
主な著書：堀　美菜（2008）「湖の人と漁業　カンボジアのトンレサープ湖
から」、「人と魚の自然誌—母なるメコン河に生きる」秋道智彌、黒倉寿（編）、
世界思想社、pp.33-50
Mina Hori, Satoshi Ishikawa, and Hisashi Kurokura (2011). Small-scale
fisheries by farmers around the Tonle Sap Lake of Cambodia. In: W. W.
Taylor, A. J. Lynch, and M. G. Schechter (Eds.) Sustainable fisheries: multi-
level approaches to a global problem. American Fisheries Society, Bethesda,
Maryland.
Mina Hori (2020). Suggestions for Cambodian Community Fisheries
from the Japanese System. In: Li, Y & Namikawa, T. (Eds.) In the Era of
Big Change: Essays about Japanese Small-Scale Fisheries. TBTI Global
Publication Series, St. John's, NL, Canada.

●宮田　勉（みやた　つとむ）
名古屋市生まれ、東京水産大学　論文博士（水産学）
所属：国立研究開発法人　国際農林水産業研究センター（JIRCAS）水産領
域長
研究分野：マーケティング学、計量経済学、漁村社会学
主な著書：東日本大震災後の放射性物質と魚：東京電力福島第一原子力発電
所事故から10年の回復プロセス（担当：分担執筆, 範囲：第7章 風評被害の
実態）成山堂書店 2023年3月 (ISBN: 9784425887118)
変わりゆく日本漁業：その可能性と持続性を求めて
（担当：分担執筆, 範囲：水産業を基軸とした6次産業化の意義と課題）
北斗書房 2014年8月 (ISBN: 9784892900280)

●田中　丈裕（たなか　たけひろ）

1953 年 大阪市生まれ　高知大学大学院農学研究科栽培漁業学専攻　農学修士

所属：特定非営利活動法人 里海づくり研究会議　理事・事務局長

研究分野：魚類学、沿岸環境修復、水産全般

主な著書・論文：第 4 節【1】カキ殻による餌料培養，沿岸の環境圏，平野敏行監修，フジテクノシステム，東京（1998）・アマモ場再生に向けての技術開発の現状と課題（1998）・Reviving the Seto Inland Sea, Japan：Applying the Principles of Satoumi for Marine Ranching Project in Okayama（2015）・Prospects for Practical "Satoumi" Implementation for Sustainable Development Goals：Lessons Learnt from the Seto Inland Sea, Japan（2017）

●佐藤　正志（さとう　まさし）

群馬県高崎市生まれ　北海道大学水産学部大学院水産増殖学専攻　水産学修士

所属：OAFIC 株式会社　取締役

研究分野：漁業全般、水産資源管理、水産養殖（淡水魚、貝類）

●渡邊　基記（わたなべ　もとき）

兵庫県生まれ　関西大学文学部史学地理学科卒業

所属：ヤマハ発動機（株）海外市場開拓事業部企画推進部国際協力グループ、主査

業務分野：沿岸漁業開発協力、国際機関調達、開発途上国への技術支援、等

主な業務実績：国内 5 トン級漁船・小型和船の開発企画担当、2015 年度 JICA 協力準備調査（セネガル：FRP 化による漁業近代化と FRP 事業準備調査）、2021 年度 JICA トーゴ国ロメ漁港運営管理及び運用上の安全性改善アドバイザー業務（船体構造改善 / 船外機の保守管理）

●赤井　由香（あかい　ゆか）

北海道虻田町（洞爺湖）生まれ、長野、高知、沖縄、熊本、神奈川、千葉育ち

日本女子大学家政学部家政理学科生物農芸専攻

所属：水産エンジニアリング株式会社　業務部長

研究分野：環境、水産

●鹿熊　信一郎（かくま　しんいちろう）

東京都生まれ　東京水産大学海洋環境工学科卒業　学術博士

所属：佐賀大学海洋エネルギー研究所　特任教授

研究分野：水産資源管理、サンゴ礁保全、里海

主な著書：「Satoumi Systems Promoting Integrated Coastal Resources Management: An Empirical Review" （2022）」Sustainability 14、「Prologue: What is Satoumi? （2022）」Satoumi Science: Co-creating Social-ecological Harmony between Human and the Sea、「バヌアツにおける親貝移植によるヤコウガイの資源増殖（2021）」地域研究第 27 号.

●和田雅昭（わだ　まさあき）

静岡県生まれ　北海道大学大学院水産科学研究科博士後期課程修了　博士（水産科学）

所属：公立はこだて未来大学　副理事長

研究分野：スマート水産業、マリン IT、IoT

主な著書：マリン IT の出帆（2015 近代科学社）、スマート水産業入門（2022 緑書房）、Smart Fisheries（2023 緑書房）

●澤田　好史（さわだ　よしふみ）

和歌山県生まれ　京都大学大学院農学研究科博士課程修了　農学博士

所属：近畿大学大学院農学研究科・水産研究所　教授

研究分野：魚類養殖、魚類種苗生産、資源管理

主な著書：「8．クロマグロ　水産増養殖システム　海水魚　熊井英水編
恒星社厚生閣（2005）」、「11 章　マダイにおける脊椎骨の異常を胚発生環
境から検討する　魚の形は飼育環境で変わる─形態異常はなぜ起こるのか？
─　有瀧真人・田川正朋・征矢野清編　恒星社厚生閣（2017）」、「Chapter
13「Genetics in tuna aquaculture」Yoshifumi Sawada and Yasuo Agawa. In;
Advances in Tuna Aquaculture From Hatchery to Market. Daniel Benetti ed.
pp. 323-332. Elsevier Publishing,（2016）」

●濱満　靖（はまみつ　やすし）
広島県生まれ　宮崎大学農学部水産増殖学科卒業　技術士水産部門
所属：株式会社国際水産技術開発　主席研究員
研究分野：マス類増養殖、海洋生物増養殖、水域環境保全
主な論文：寄稿「ボリビアにおける水産養殖業の現状と展望」日本ボリ
ビア協会　会報誌カントゥータ No.28、2017 年 2 月、寄稿「チチカカ湖
の漁業 - 太古の湖とアイマラ族の暮らし」　海外漁業協力 (通号 10),22 ～
25,1999/07

●川村　軍蔵（かわむら　ぐんぞう）
北海道生まれ　北海道大学大学院博士課程（中退）　論文博士（水産学）
所属：鹿児島大学名誉教授
職歴：北海道大学水産学部、鹿児島大学水産学部、マレーシア・サバ大学海
洋水産学部
受賞歴：日本水産学会賞（奨励賞）
研究分野：魚類の行動生理学と感覚生理学
主な著書：「魚との知恵比べ─魚の感覚と行動の科学」（3 訂版）ベルソーブッ
クス 004 成山堂書店 2010、「魚の行動習性を利用する釣り入門」ブルーバッ
クス講談社 2011

●細川　貴志（ほそかわ　たかし）
北海道生まれ　北海道大学大学院文学研究科博士課程修了　博士（文学）
所属：日東製網株式会社　技術部総合網研究課　課長
研究分野：漁具・漁法、開発人類学
主な著書：細川貴志, 2020,「衛星を利用した定置網漁業向け情報サービス」,
『宇宙ビジネス参入の留意点と求められる新技術、新材料』, 技術情報協会,
243-248.
細川貴志, 2018,「ユビキタス魚探の開発とクロマグロの入網判別の可能性」,
『ていち』, 133: 1-10.

●荒木　元世（あらき　もとよ）
横浜生まれ　千葉県育ち、芝浦工業大学大学院　建設工学修士
所属：パシフィックコンサルタンツ株式会社グローバルカンパニー国際開発
部 技術課長
研究分野：都市計画、防災計画、人材育成
主な著書：「大気の安定度を考慮した熱帯夜に関する研究（修士論文）
（1996）」「美しさを創出するために必要な装飾とは何か（土木デザイン研
究委員会報告書：土木デザインの実践的理念と手法に関する調査・研究
内 ）（1999）」「Disaster Impact Assessment for Sri Lanka's Road Sector(ｱ
ｼﾞｱ国際土木学会)(2013)」「Development of Tidal Embankment and Area
Management after the Typhoon Yolanda in Philippines　(ｱｼﾞｱ国際土木学会)
(2019)

●大石　太郎（おおいし　たろう）
奈良県生まれ　京都大学大学院経済学研究科博士後期課程単位取得退学　博
士（経済学）
所属：東京海洋大学学術研究院海洋政策文化学部門　准教授
研究分野：環境・資源経済学、行動経済学、水産エコラベル
主な論文：Oishi, T., H. Sugino, N. Yagi (2022) "French Consumers' Marginal

Willingness to Pay for the Pairing of Japan's Fall Chum Salmon and Rice Wine (Sake)" Fisheries Science, Vol.88, pp.845-856, ほか多数

●綿貫　尚彦（わたぬき　なおひこ）
千葉県生まれ　服部栄養専門学校調理師本科夜間部卒業　水産学博士
所属：フリーランス
研究分野：コマネジメント、環境と開発、食料問題
主な論文：「Foreign Visitors to Japan and the Japanese Seafood Industry (2020)」Special English Session in the 2020 Spring Meeting of JSFS、「マーケットの視点を取り入れた水産資源管理（2017）」（平成29年度日本水産学会水産政策委員会シンポジウム『水産資源管理の国際協力―開発途上国にとって有効な水産資源管理アプローチと日本の技術、知見の活用―』）、「Japan's International Cooperation for Fisheries and Marine Resources Management（2002）」Fisheries Science 68 (sup2)

●熊谷　真菜（くまがい　まな）
兵庫県生まれ　同志社大学大学院修士課程修了
所属：一般社団法人日本コナモン協会会長、道頓堀たこ焼連合会代表
研究分野：食文化継承、食マーケティング
主な著書：『たこやき』（講談社文庫）、『粉もん庶民の食文化』（朝日新聞社）、『ふりかけ』（学陽書房）

●足立　久美子（あだち　くみこ）
神奈川県生まれ　東京水産大学大学院・水産資源管理学専攻博士後期課程中退　水産学修士
所属：株式会社 国際水産技術開発　代表取締役
研究分野：農山漁村振興とジェンダー主流化、住民主体参加型開発、淡水魚類増養殖
主な著書：共著「ラオスにおける「ふぃっしゃー・まむ」活動への取り組み」

2009年．NPO法人アジア農山漁村ネットワーク、共著「ラオスにおける女性と子供の漁労活動」2003年．NPO法人アジア農山漁村ネットワーク、「ぎょれん―いわて漁連情報」2008年10月号から12回連載、年間タイトル「魚と人・生活と生産の喜びに向けて」

●富永　紀子（とみなが　のりこ）
東京都生まれ　北里大学薬学部卒業　薬剤師
所属：わしょクック株式会社　代表取締役社長　　一般社団法人　外国人料理教室協会　代表理事
クラシエ(株)、日本ロレアル(株)、ベーリンガーインゲルハイム(株)の化粧品・製薬会社のマーケッターとして数多くの製品を担当。そのかたわら、クシマクロビオテックス、国際食学協会で料理を学び、食育指導士の資格を取得。2016年にわしょクック株式会社・一般社団法人　外国人料理教室協会を設立
主な著書：痛いの痛いの飛んでいけ（2013年）　転身力　楠木新 著（2022年）の中でのコラム執筆

日本人による水産協力
Fisheries cooperation performed by Japanese

―開発現場をアップデート―
Updating the field of international development

2023 年 12 月 25 日　初版発行

編　集　　綿貫　尚彦
発行者　　山本　義樹
発行所　　北 斗 書 房
〒132-0024 東京都江戸川区一之江 8 － 3 － 2
電話 03-3674-5241　ＦＡＸ 03-3674-5244
URL　htpp://www.gyokyo.co.jp

印刷・製本　　モリモト印刷
カバーデザイン　エヌケイクルー
ISDN 978-4-89290-068-6　C3062